轻松搞定
家装水电识图

QINGSONG GAODING
JIAZHUANG SHUIDIAN SHI TU

阳鸿钧 等 编著

U0251431

中国电力出版社
CHINA ELECTRIC POWER PRESS

内 容 提 要

如何快速地学习和掌握一门技能？有重点地、身临其境地学习实践性知识是最有效的。本书以全彩图文精讲的方式介绍了家装水电识图技能，帮助读者打下扎实理论基础，将识图与现场施工完美结合，培养灵活应用的变通能力。

全书共4章，分别从装饰装修工程识图基础、装饰装修施工图识图、装饰装修电气识图、装饰装修给排水识图等几方面进行了讲述，让读者轻轻松松学会识图、用图，进而能够进行施工、监理、预算等工作。

本书适用面广泛，适合装饰水电工、建筑水电工、物业水电工、家装工程监理人员及广大业主参考阅读，还可以作为职业院校或培训学校的教材和参考读物。

图书在版编目（CIP）数据

轻松搞定家装水电识图/阳鸿钧等编著.— 北京：中国电力出版社，2017.3
ISBN 978-7-5123-9975-4

Ⅰ. ①轻… Ⅱ. ①阳… Ⅲ. ①住宅-室内装修-电路图-识图②住宅-室内装修-给排水系统-识图 Ⅳ.①TU85-64②TU82-64

中国版本图书馆CIP数据核字（2016）第265129号

出版发行：中国电力出版社
地　　址：北京市东城区北京站西街 19 号（邮政编码 100005）
网　　址：http://www.cepp.sgcc.com.cn
责任编辑：莫冰莹（iceymo@sina.com）
责任校对：王开云
装帧设计：王英磊　赵姗姗
责任印制：蔺义舟

印　　刷：北京九天众诚印刷有限公司印刷
版　　次：2017 年 3 月第一版
印　　次：2017 年 3 月北京第一次印刷
开　　本：880 毫米 × 1230 毫米　32 开本
印　　张：6.875
字　　数：253 千字
印　　数：0001-3000 册
定　　价：**49.00** 元

PREFACE

　　家是人们生活的港湾，安全、健康的家离不开好的家装。工程图是工程界的技术语言，要做好水电家装必须掌握识图这门本领。

　　本书本着会识图会施工的原则，以全彩图文精讲方式介绍了家装水电识图技能，对许多图均进行了实际现场效果的介绍，从而达到不为识图而识图，要为施工而识图的要求，不仅适合专业施工人员学习参考，还为装修求人不如求己的DIY 人士提供了必要的支持。

　　本书在编写过程中，得到了许多同志的帮助和支持，参考了有关技术资料和一些厂家的产品资料，在此向提供帮助的朋友们、资料文献的作者和公司表示由衷的感谢和敬意！

　　本书适合装饰水电工、建筑水电工、物业水电工、家装工程监理人员及广大业主参考阅读，还可作为职业院校或培训学校的教材和参考读物。

　　由于编者水平和经验有限，书中不足之处，敬请批评、指正。

编者

CONTENTS

左侧竖排：轻松搞定家装水电识图·目录

轻松搞定家装水电识图 · **目录**

第 1 章

装饰装修工程识图基础

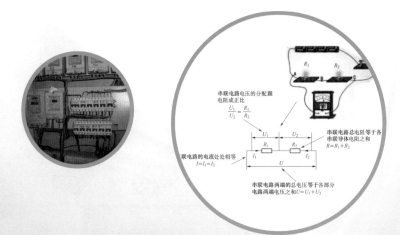

串联电路电压的分配跟
电阻成正比

$$\frac{U_1}{U_2}=\frac{R_1}{R_2}$$

串联电路总电阻等于各
串联导体电阻之和
$R=R_1+R_2$

联电路的电流处处相等
$I=I_1=I_2$

串联电路两端的总电压等于各部分
电路两端电压之和$U=U_1+U_2$

▶ 1.1 ▓ 投影

1.1.1 投影的原理

建筑物是由相关的工程构成的一种综合体，包括建筑、结构、给排水、采暖通风、电照明等。为了更好的对建筑物进行各种施工，需要画出相应的图来表达应有的要求与特点。

图的基本形成是根据投影的原理得到的，如图 1-1 所示。

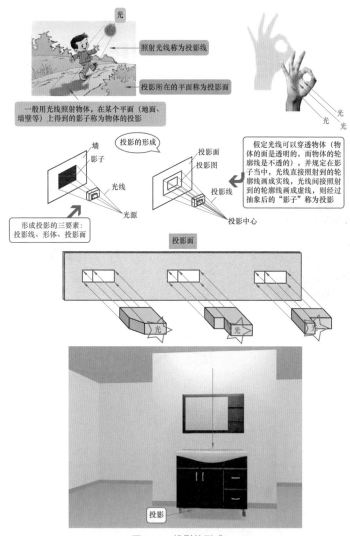

图 1-1 投影的形成

1.1.2　投影的分类

投影的分类如图 1-2 所示。

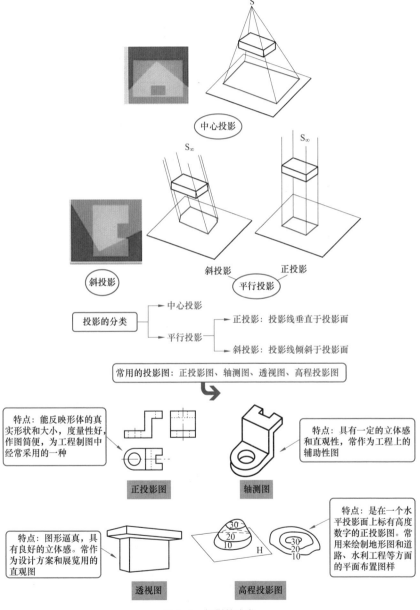

图 1-2　投影的分类

1.1.3 正投影的特点

正投影的特点如图 1-3 所示。

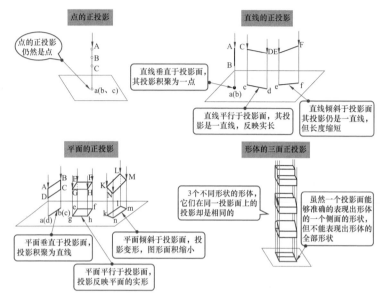

图 1-3　正投影的特点

1.1.4 视图

视图就是一定的视角看到的图，不同的视角得到不同的图，也就是同一物体有不同的视图。常见的视图如图 1-4 所示。

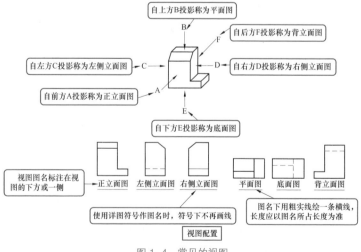

图 1-4　常见的视图

视图举例如图 1-5 所示。

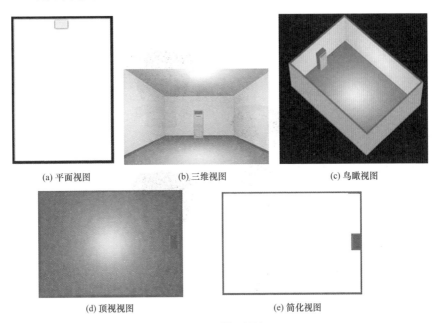

(a) 平面视图　　　　　(b) 三维视图　　　　　(c) 鸟瞰视图

(d) 顶视视图　　　　　(e) 简化视图

图 1-5　视图举例

1.1.5　体现物体形状的投影——三面投影

三视图是指正视图、侧视图、俯视图，也就是三面投影图。三视图的投影形成图例如图 1-6 所示。

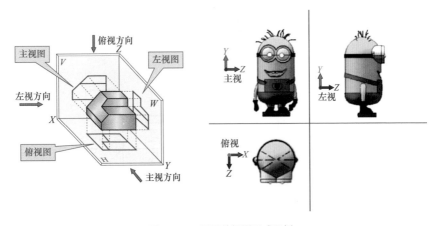

图 1-6　三视图的投影形成图例

有的情况所讲三视图是其他三个视图的组合，如图1-7所示。

图 1-7　三视图

1.1.6　三面投影的平面展开

三面投影的平面展开的原理图例如图1-8所示。

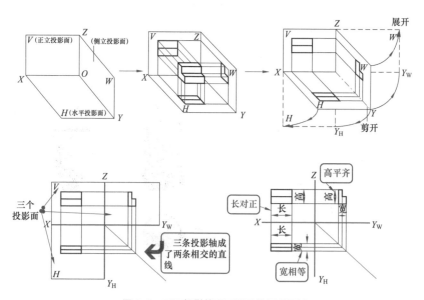

图 1-8　三面投影的平面展开的原理图例

三面投影的平面展开的原理也就是与纸箱展开的效果基本一样，只是原点 O 取的顶点不同。三面展开的平面位置有差异，相关图例如图 1-9 所示。

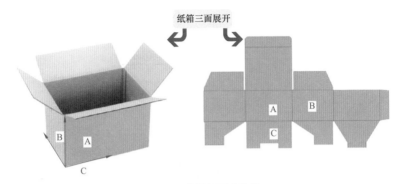

图 1-9　纸箱展开的效果

1.2　组合体的类型

组合体的类型图例如图 1-10 所示。

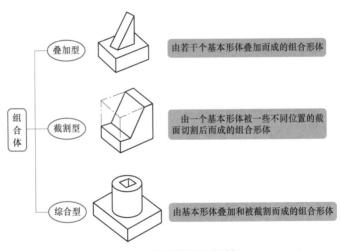

图 1-10　组合体的类型图例

1.3　剖面

1.3.1　剖面的形成与特点

剖面的形成与特点如图 1-11 所示。

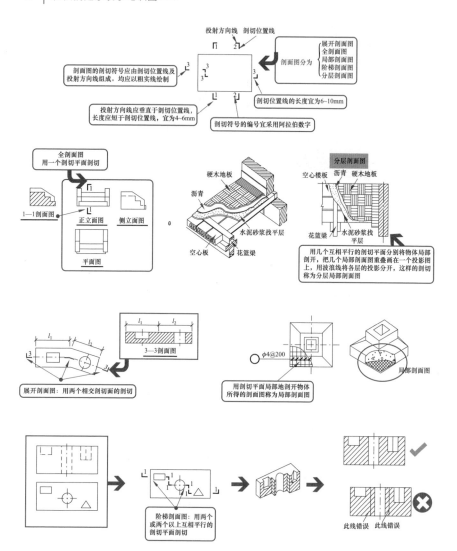

图 1-11　剖面的形成与特点

1.3.2　剖面案例

　　剖面案例（一）如图 1-12 所示。剖面案例（二）如图 1-13 所示。

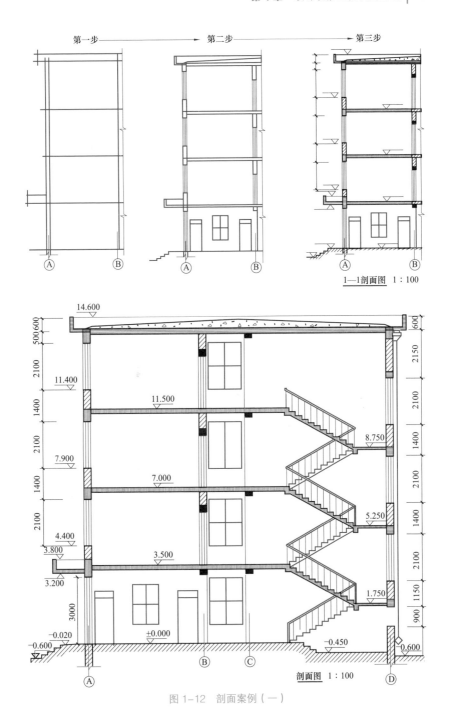

图 1-12 剖面案例（一）

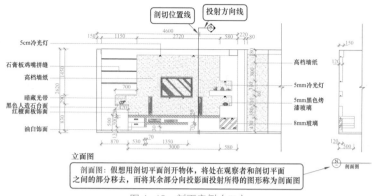

图 1-13 剖面案例（二）

1.4 断面

断面的形成与特点如图 1-14 所示。

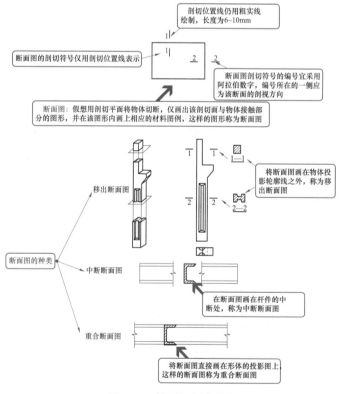

图 1-14 断面的形成与特点

1.5 断面与剖面关系

断面与剖面的关系与比较如图 1-15 所示。

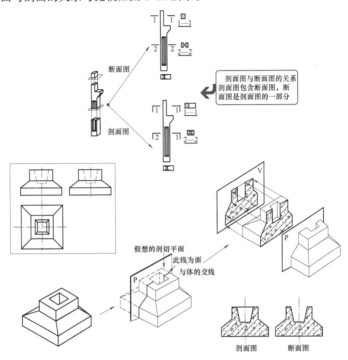

剖面图与断面图的关系
剖面图包含断面图，断面图是剖面图的一部分

断面图

剖面图

假想的剖切平面
此线为面与体的交线

剖面图　　断面图

图 1-15　断面与剖面的关系与比较

1.6 平面图

1.6.1 平面图的产生

平面图的产生原理与特点如图 1-16 所示。

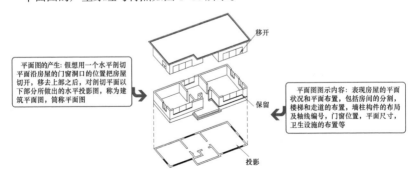

移开

平面图的产生：假想用一个水平剖切平面沿房屋的门窗洞口的位置把房屋切开，移去上部之后，对剖切平面以下部分所做出的水平投影面，称为建筑平面图，简称平面图

保留

平面图图示内容：表现房屋的平面状况和平面布置，包括房间的分割，楼梯和走道的布置，墙柱构件的布局及轴线编号，门窗位置，平面尺寸，卫生设施的布置等

投影

图 1-16　平面图的产生原理与特点

1.6.2 平面图的尺寸

平面图的尺寸类型与特点如图 1-17 所示。

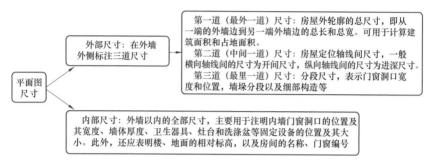

图 1-17 平面图的尺寸类型与特点

1.7 基本结构的图例与代号

1.7.1 门的图例与代号

建筑中的门的图例与代号, 是表示门的符号或者图形, 只要看到图中有该"符号或者图形", 就表示该处是"门"。

门的图例与代号如图 1-18 所示。

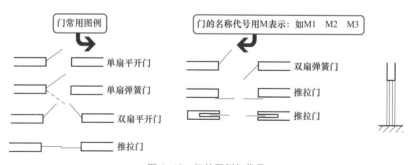

图 1-18 门的图例与代号

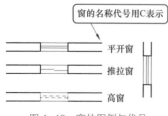

图 1-19 窗的图例与代号

1.7.2 窗的图例与代号

建筑中的窗的图例与代号是表示窗的符号或者图形, 只要看到图中有该"符号或者图形", 就表示该处是"窗"。

窗的图例与代号如图 1-19 所示。

1.7.3 楼梯的图例与代号

建筑中的楼梯的图例与代号，是表示楼梯的符号或者图形，只要看到图中有该"符号或者图形"，就表示该处是"楼梯"。

楼梯的图例与代号如图 1-20 所示。

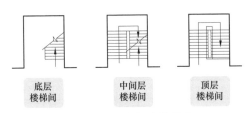

底层 楼梯间　　中间层 楼梯间　　顶层 楼梯间

图 1-20　楼梯的图例与代号

楼梯的图例一般是平面的，而楼梯空间则比较复杂，因此，读图时，能够根据平面图想到其应有的空间状态。楼梯平面图例空间特点如图 1-21 所示。

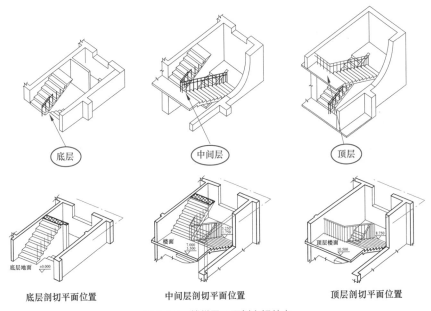

底层　　　　　　中间层　　　　　　顶层

底层剖切平面位置　　　中间层剖切平面位置　　　顶层剖切平面位置

图 1-21　楼梯平面图例空间特点

▶ 1.8 立面图

平面图与立面图是常见的图。平面图主要是画物体的平面，立面图主要是画物体的立面。

立面图图例与特点如图 1-22 所示。

建筑立面图是在与房屋立面平行的投影面上所作的正投影图

立面图的内容及图示方法：立面图反映建筑外貌，室内的构造与设施均不画出。由于图的比例较小，不能将门窗和建筑细部详细表示出来，图上只是画出其基本轮廓，或用规定的图例加以表示

立面图的命名：以朝向命名，以正、背、侧命名，以定位轴线命名

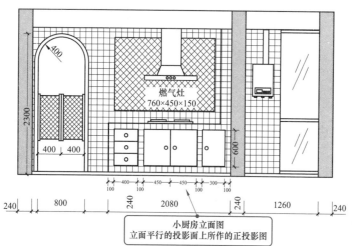

小厨房立面图
立面平行的投影面上所作的正投影图

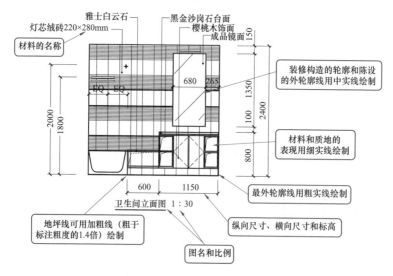

材料的名称

雅士白云石
灯芯绒砖220×280mm

黑金沙岗石台面
樱桃木饰面
成品镜面

装修构造的轮廓和陈设的外轮廓线用中实线绘制

材料和质地的表现用细实线绘制

最外轮廓线用粗实线绘制

纵向尺寸、横向尺寸和标高

卫生间立面图 1：30

地坪线可用加粗线（粗于标注粗度的1.4倍）绘制

图名和比例

图 1-22 立面图图例与特点

常见立面图如图 1–23 所示。

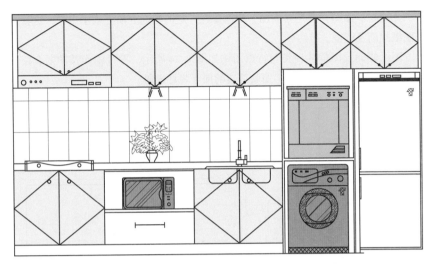

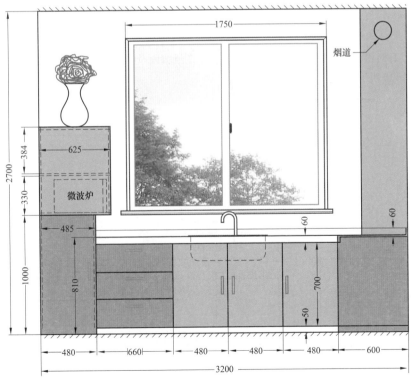

图 1–23　常见立面图

1.9 图纸幅面及图框

无论是平面图，还是立面图，均需要在一定的幅面介质上表示出来，这就涉及图纸幅面及图框。

图纸幅面及图框的种类与特点图例如图 1-24 所示。图纸幅面及图框有留装订边与不留装订边两种类型。留装订边的便于装订成册。

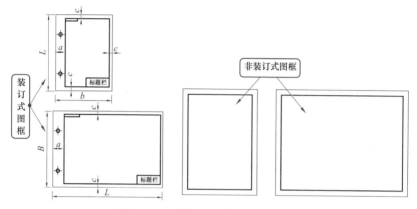

图 1-24 图纸幅面及图框的种类与特点

有时讲的图纸格式，其实也就是包括了图纸幅面及图框。图纸的格式图例如图 1-25 所示。

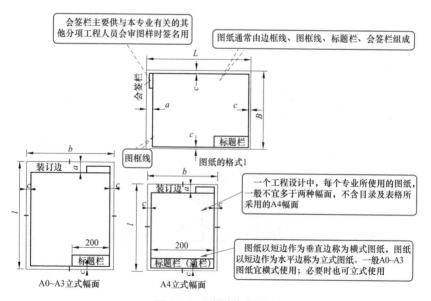

图 1-25 图纸的格式图例

为了把图纸规范统一，便于保管、绘制等需要，一般优先选用 A0、A1、A2、A3、A4 为基本幅面。必要时，也允许选用加长幅面，这些加长幅面的尺寸是由基本幅面的短边或整数倍增加后得出的。例如图 1-26 表示的图例为 A3×3、A3×4、A4×3、A4×4、A4×5 为第二选择的加长幅面，图中虚线所示为第三选择的加长幅面。

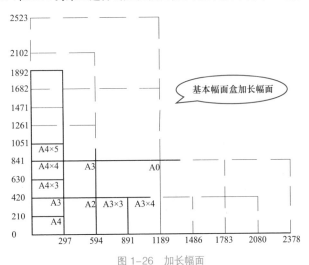

图 1-26 加长幅面

图纸幅面与图框参考尺寸见表 1-1。

表 1-1 幅面及图框尺寸 （mm）

幅面代号 尺寸代号	A0	A1	A2	A3	A4
$b \times l$	841 × 1189	594 × 841	420 × 594	297 × 420	210 × 297
c		10		5	
a			25		

图纸的短边一般不应加长，长边可加长，但一般需要符合表 1-2 的规定。

表 1-2 图纸长边加长参考尺寸 （mm）

幅面尺寸	长边尺寸	长边加长后尺寸
A0	1189	1486, 1635, 1783, 1932, 2080, 2230, 2378
A1	841	1051, 1261, 1471, 1682, 1892, 2102
A2	594	743, 891, 1041, 1189, 1338, 1486, 1635
A2	594	1783, 1932, 2080
A3	420	630, 841, 1051, 1261, 1471, 1682, 1892

有特殊需要的图纸，可采用 $b \times l$ 为 841mm × 891mm 与 1189mm × 1261mm 的幅面

1.10 标题栏

标题栏，顾名思义就是填写有关"标题"的一栏。

标题栏是根据装饰工程需要，可以选择确定其尺寸、格式、分区、说明等不同形式的标题栏。如果是不需会签的图纸，也可不设会签栏。

标题栏图例如图 1-27 所示。

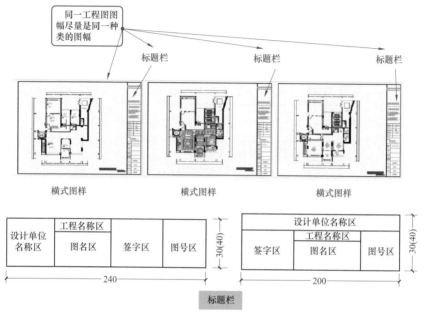

图 1-27　标题栏图例

1.11 图样编排顺序与目录

装饰工程图样一般根据专业顺序来编排。具体编排时，图样一般根据图样内容的主次关系、逻辑关系、专业关系、互动关系，有序排列。

图样编排是否有规律，从图样目录就可以一目了然。图样目录的编排就像书的目录一样讲究层次、逻辑、便利等要求。

图样目录的图例如图 1-28 所示。

1.12 比例

家居建筑实际上是个大空间复杂体，而家居建筑相关图只是电子介质或者纸介质上的一幅或者几幅图。可见，它们间存在"浓缩"——比例关系。

图样目录

编号	图样名称	图号	图幅	备注	编号	图样名称	图号	图幅	备注
0	封面		A3		41	客厅天花C-C剖视图　楼梯门大样	D7	A3	
1	图纸目录	ML-1	A3						
2		CS-1	A3		42	地下室原始结构图	P14	A3	
3	施工说明	SJ-1	A3		43	地下室平面布置图	P15	A3	
					44	地下室索引示意图	P16	A3	
4	一层原始结构图	P01	A3		45	地下室拆除墙体示意图	P17	A3	
5	一层平面布置图	P02	A3		46	尺寸示意图	P18	A3	
6	一层平面索引图	P03	A3		47	地下室地面铺装图	P19	A3	
7	一层墙体拆建图	P04	A3		48	地下室天花布置图	P20	A3	
8	一层尺寸示意图	P05	A3		49	地下室天花尺寸图	P21	A3	
9	一层地材铺装图	P06	A3		50	地下室天花开线图	P22	A3	
10	一层天花布置图	P07	A3		51	地下室天花布置图	P23	A3	
11	一层开尺寸图	P08	A3		52	地下室墙地面开关布置图	P24	A3	
12	一层天花开线图	P09	A3		53	地下室插座布置图	P25	A3	
13	一层开关布置图	P10	A3		54	地下室家私灯具定位布置图	P26	A3	
14	一层墙地面开关布置图	P11	A3		55	视听房立面图C	L19	A3	
15	一层插座布置图	P12	A3		56	视听房立面图B	L20	A3	
16	一层家私灯具定位布置图	P13	A3		57	视听房立面图A	L21	A3	
17	客厅立面图A	L01	A3		58	视听房立面图A窗大样	D8	A3	
18	客厅立面图C	L02	A3		59	视听房立面吧台大样	D9	A3	
19	客厅立面图B	L03	A3		60	活动房立面图C	L22	A3	
20	过道立面图D	L04	A3		61	活动房立面图B	L23	A3	
21	过道天花F-F剖视图	D1	A3		62	书吧房立面图A	L24	A3	
22	客厅大样图	D2	A3		63	书吧房立面图C	L25	A3	
23	客厅大样图	D3	A3		64	书吧房立面图D　洗手台立面图D	L26	A3	
24	主卧室立面图A	L05	A3		65	储物间立面图B	L27	A3	
25	主卧室立面图C	L06	A3		66	储物间立面图C	L28	A3	
26	书房立面图C	L07	A3		67	工人房立面图B	L29	A3	
27	衣帽间立面图D　客房立面D	L08	A3		68	工人房立面图A	L30	A3	
28	餐厅立面图A	L09	A3		69	客卫立面图A，B	L31	A3	
29	餐厅立面图C	L10	A3		70	视听房天花剖视图	D10	A3	
30	客房立面图C	L11	A3		71	书吧天花剖视图	D11	A3	
31	客房立面图A	L12	A3		72	过道天花G-G剖视图	D12	A3	
32	主卫立面图B，D	L13	A3		73	户外流水壁立面图	L32	A3	
33	主卫立面图A　公卫立面图B	L14	A3		74	地下室流水壁立面	L33	A3	
34	公卫立面图C，D	L15	A3						
35	厨房立面图C	L16	A3						
36	小孩房立面图B	L17	A3						
37	小孩房立面图D	L18	A3						
38	主卧天花B-B剖视图	D4	A3						
39	客厅天花A-A剖视图	D5	A3						
40	客厅天花B-B剖视图	D6	A3						

图 1-28　图样目录的图例

比例就是图中图形与其实物相应要素的线性尺寸之比，常见的比例名称与特点：

原值比例——比值为 1 的比例，也就是 1 ∶ 1。

放大比例——比值大于 1 的比例，例如 2 ∶ 1 等。

缩小比例——比值小于 1 的比例，例如 1 ∶ 2 等。

比例的图解如图 1-29 所示。比例的类型见表 1-3。

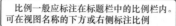

图 1-29　比例的图解

表 1-3　　　　　　　　　　　　　　比例的类型

种类	比例
原值比例	$1:1$
放大比例	$5:1$　$2:1$ $5 \times 10^n:1$　$2 \times 10^n:1$　$1 \times 10^n:1$
缩小比例	$1:2$　$1:5$　$1:10$ $1:2 \times 10^n$　$1:5 \times 10^n$　$1:1 \times 10^n$
放大比例	$4:1$　$2.5:1$ $4 \times 10^n:1$　$2.5 \times 10^n:1$
缩小比例	$1:1.5$　$1:2.5$　$1:3$　$1:4$　$1:6$ $1:1.5 \times 10^n$　$1:2.5 \times 10^n$　$1:3 \times 10^n$ $1:4 \times 10^n$　$1:6 \times 10^n$

注　n 为正整数。

图常用的比例见表 1-4。

表 1-4　　　　　　　　　　　　　　图常用的比例

项目	常用的比例
常用比例	$1:1$、$1:2$、$1:5$、$1:10$、$1:20$、$1:50$、$1:100$、$1:150$、$1:200$、$1:500$、 $1:1000$、$1:2000$、$1:5000$、$1:10000$、$1:20000$、$1:50000$、$1:100000$、$1:200000$
可用比例	$1:3$、$1:4$、$1:6$、$1:15$、$1:25$、$1:30$、$1:40$、$1:60$、$1:80$、 $1:250$、$1:300$、$1:400$、$1:600$

常见图的常用的比例见表 1-5。

表 1-5　　　　　　　　　　　　　常见图的常用的比例

名称	常用的比例
平面图、顶棚图	$1:200$、$1:100$、$1:50$
立面图	$1:100$、$1:50$、$1:30$、$1:20$
结构详图	$1:50$、$1:30$、$1:20$、$1:10$、$1:5$、$1:2$、$1:1$

比例解说解如图 1–30 所示。

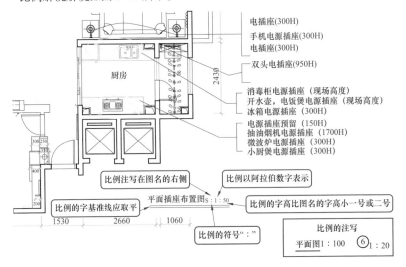

图 1–30　比例解说图例

　　图样的比例，一般应为图形与实物相对应的线性尺寸之比。比例的大小，是指其比值的大小，例如 1∶50 大于 1∶100。

　　采用一定比例时，图样中的尺寸数值，不论采用何种比例，图样中所标注的尺寸数值必须是实物的实际大小，与图形比例无关，如图 1–31 所示。

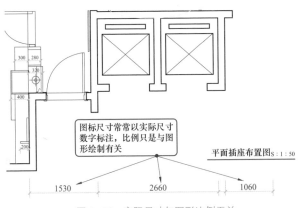

图 1–31　实际尺寸与图形比例无关

▶ 1.13　图线与线宽

　　图样上的线有不同的规格与要求，也代表不同的含义。只有了解这些线，才能够在看图时，见到这些线，就能够明白它代表的含义。

装饰工程图样上也有不同的图线与线宽，不同的图线与线宽有不同的要求与表示含义，具体如图 1-32 所示。

图线的宽度 b，宜从下列线宽系列中选取：2.0、1.4、1.0、0.7、0.5、0.35mm。

每个图样，应根据复杂程度与比例大小，先选定基本线宽 b，再选用表中相应的线宽组

线宽比	线宽组（mm）					
b	2.0	1.4	1.0	0.7	0.5	0.35
$0.5b$	1.0	0.7	0.5	0.35	0.25	0.18
$0.25b$	0.5	0.35	0.25	0.18		—

注：需要微缩的图纸，不宜采用0.18mm及更细的线宽。

同一张图样内，各不同线宽的细线，可统一采用较细线宽组的细线。

同一张图样内，相同比例的各图样，应选用相同的线宽组

图框线、标题栏线的宽度 (mm)

幅面代号	图框线	标题栏外框线	标题栏分格线、分签栏线
A0、A1	1.4	0.7	0.35
A2、A3、A4	1.0	0.7	0.35

图　线

名称		线型	线宽	一般用途
实线	粗	——————	b	主要可见轮廓线
	中	——————	$0.5b$	可见轮廓线
	细	——————	$0.25b$	可见轮廓线、图例线
虚线	粗	- - - - -	b	
	中	- - - - - -	$0.5b$	不可见轮廓线
	细	- - - - - - -	$0.25b$	不可见轮廓线、图例线
单点画线	粗	—·—·—·—	b	
	中	—·—·—·—	$0.5b$	
	细	—·—·—·—	$0.25b$	中心线、对称线等
双点画线	粗	—··—··—	b	
	中	—··—··—	$0.5b$	
	细	—··—··—	$0.25b$	假想轮廓线、成型前原始轮廓线
折断线		—∿—	$0.25b$	断开界线
波浪线		∿∿	$0.25b$	断开界线

图 1-32　图线与线宽

图线与线宽案例如图 1-33 所示。

▶ 1.14 ▒ 尺寸

尺寸是识图时必须掌握的信息，不但要了解尺寸数值，还需要了解尺寸的标注规则。

识读尺寸标注的实例如图 1-34 所示。

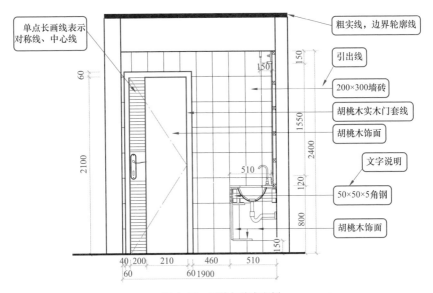

单点长画线表示对称线、中心线

粗实线，边界轮廓线

引出线

200×300墙砖

胡桃木实木门套线

胡桃木饰面

文字说明

50×50×5角钢

胡桃木饰面

图 1-33 图线与线宽案例

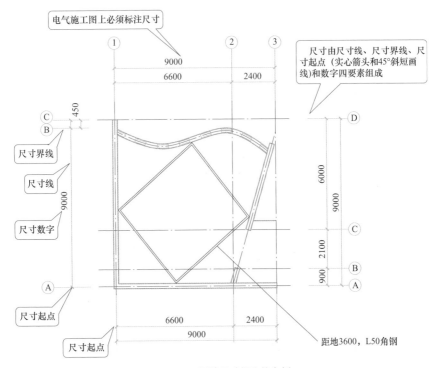

电气施工图上必须标注尺寸

尺寸由尺寸线、尺寸界线、尺寸起点（实心箭头和45°斜短画线）和数字四要素组成

尺寸界线

尺寸线

尺寸数字

尺寸起点

尺寸起点

距地3600，L50角钢

图 1-34 识读尺寸标注的实例

▶ 1.15 ▨ 定位轴线

定位轴线的识读实例如图 1-35 所示。

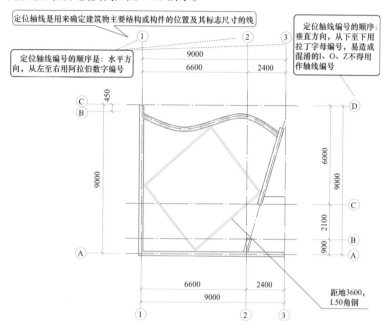

图 1-35 定位轴线的识读实例

定位轴表示的含义识读实例如图 1-36 所示。

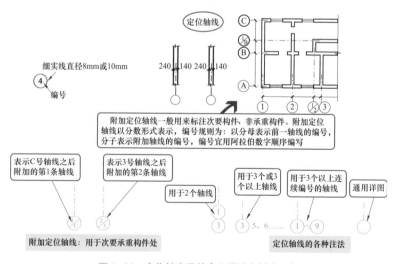

图 1-36 定位轴表示的含义识读实例（一）

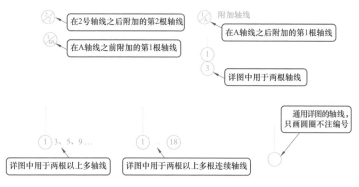

图 1-36 一些定位轴表示的含义识读实例（二）

1.16 尺寸界线、尺寸线及尺寸起止符号、尺寸数字

装饰工程图样上尺寸界线、尺寸线及尺寸起止符号、尺寸数字的识读图例解说如图 1-37 所示。

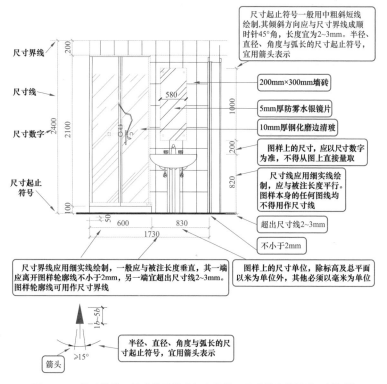

图 1-37 尺寸界线、尺寸线及尺寸起止符号、尺寸数字的识读图例解说

1.17 引出线

引出线一般是以细实线绘制的线条，并且为采用水平方向的直线，与水平方向成30°、45°、60°、90°的直线，或经上述角度再折为水平线。

文字说明一般注写在水平线的上方，也有的注写在水平线的端部。索引详图的引出线，一般与水平直径线相连接。

引出线图例解说如图1-38所示。

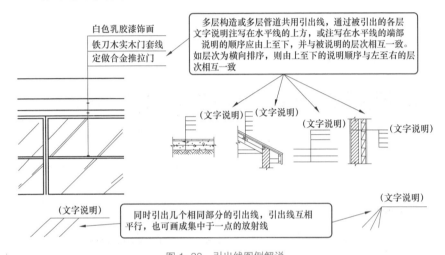

图 1-38 引出线图例解说

1.18 半径的尺寸

装饰工程图样上标注球的半径尺寸时，一般在尺寸前加注表示符号 *SR*。标注球的直径尺寸时，一般在尺寸数字前加注符号 *Sφ*。其注写方法与圆弧半径、圆直径的尺寸标注方法基本相同。

半径尺寸的识读图例如图1-39所示。

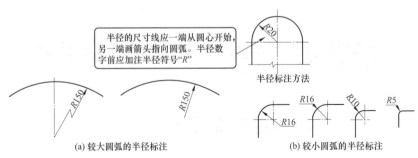

图 1-39 半径尺寸的识读图例

▶ 1.19 ⋮ 圆的直径尺寸

圆直径尺寸的识读图例如图1-40所示。

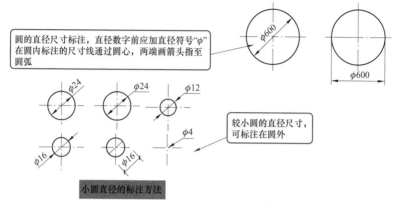

图1-40 圆直径尺寸的识读图例

▶ 1.20 ⋮ 角度、弧度、弧长的标注

角度、弧度、弧长的标注图例如图1-41所示。

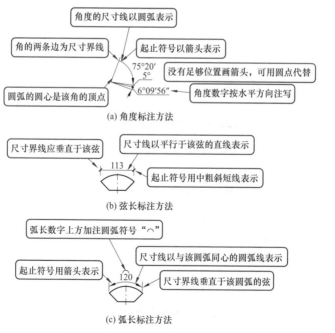

图1-41 角度、弧度、弧长的标注图例

▶ 1.21 ⦚ 索引

1.21.1 索引概述

图样中的某一局部或构件，如果需另见详图，应以索引符号索引。索引符号一般是由直径为 10mm 的圆与水平直径组成，圆及水平直径均应以细实线绘制。

索引符号图例如图 1-42 所示。

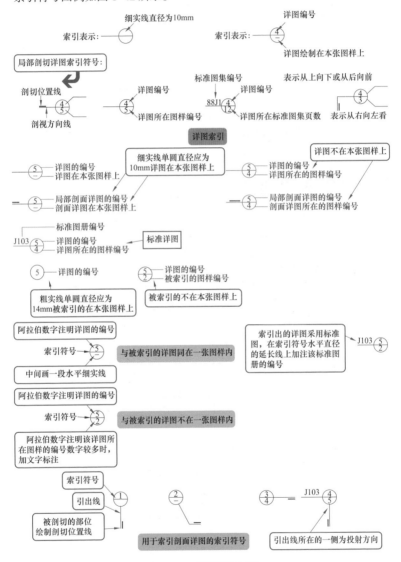

图 1-42　索引符号图例

索引符号的应用如图 1-43 所示。

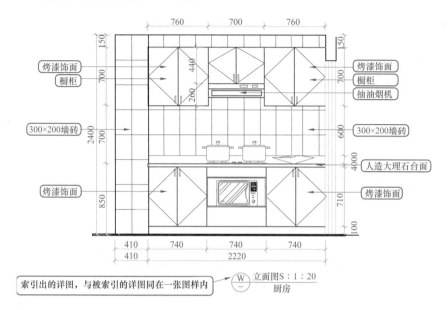

索引出的详图，与被索引的详图同在一张图样内　⊕ 立面图 S：1：20　厨房

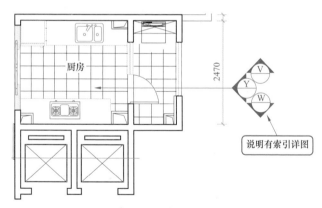

说明有索引详图

图 1-43　索引符号的应用

1.21.2　立面索引符号

为表示室内立面在平面上的位置，一般应在平面图中用立面索引符号注明视点位置、方向，以及立面的编号。

立面索引符号一般由直径为 8~12mm 的圆构成，以细实线绘制，并以等腰直角三角形为投影方向共同组成。

立面索引符号图例解说如图 1-44 所示。

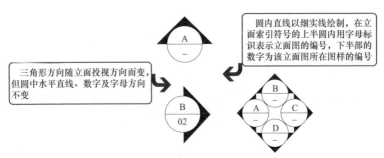

图 1-44　立面索引符号图例解说

1.22 对称符号

对称符号的特点与图例解说如图 1-45 所示。

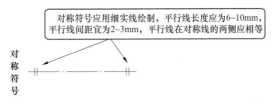

图 1-45　对称符号的特点与图例解说

1.23 标高

标高，通俗地讲就是为了区分建筑物的不同高度而标注的高度。标高的特点与图例解说如图 1-46 所示。

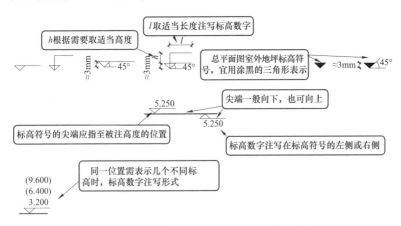

图 1-46　一些标高的特点与图例解说（一）

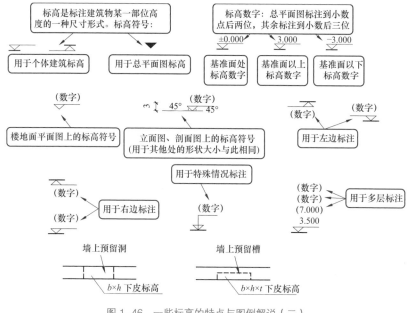

图 1-46 一些标高的特点与图例解说（二）

装饰工程图样中出现标高的情况比较常见。装饰工程图样中标高主要标在天花平面图等有等高差异的图样上。

从天花平面图中，可以了解灯具的布局情况以及天花层次结构。天花平面图中的标高特点与图例如图 1-47 所示。

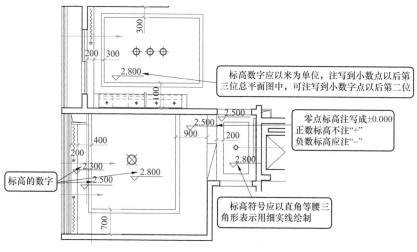

图 1-47 天花平面图中的标高特点与图例

1.24 详图

详图的位置和编号一般以详图符号来表示、引导。详图符号的圆一般以直径为 14mm 粗实线绘制。

详图符号的特点与解说如图 1-48 所示。

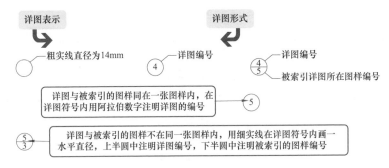

图 1-48 详图符号的特点与解说

大样图是详图的一种，案例如图 1-49 所示。

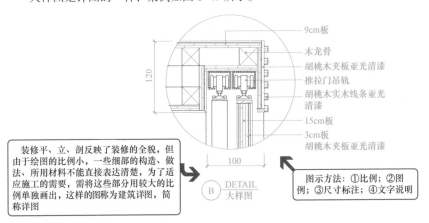

图 1-49 大样图解说

1.25 指北针

指北针的特点与解说如图 1-50 所示。

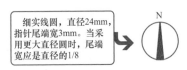

图 1-50 指北针的特点与解说

1.26 建筑结构

1.26.1 建筑结构概述

建筑结构是指在建筑物（包括构筑物）中，由建筑材料做成用来承受各种荷载、作用，以起骨架作用的空间受力体系。根据建筑材料不同，建筑结构可以分为混凝土结构、砌体结构、钢结构、轻型钢结构、木结构、组合结构等。

建筑结构图例如图 1-51 所示。

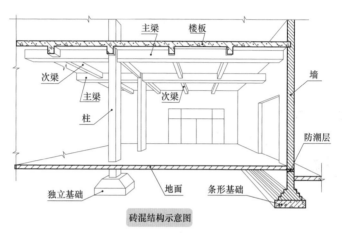

图 1-51　建筑结构图例

建筑结构常见构件主代号见表 1-6。代号是指代替正式名称的别名、编号、字母，主要是在图中有利于简便表达。因此，在图中看到这些代号，能够立刻想到它的正式名称及其功能、特点。

表 1-6　　　　　　　　　　　建筑结构常见构件主代号

名称	代号	名称	代号	名称	代号
墙板	QB	连系梁	LLL	阳台	YT
楼梯板	TB	圈梁	QL	钢筋骨架	G
天沟板	TGB	楼梯梁	TL	桩	ZH
屋面板	WB	屋面梁	WL	门框	MK
檐口板或挡雨板	YB	基础	J	雨篷	YP
折板	ZB	设备基础	SJ	预埋件	M
垂直支撑	CC	天窗架	CJ	钢筋网	W
水平支撑	SC	刚架	GJ	柱	Z
柱间支撑	ZC	框架	KJ		

续表

名称	代号	名称	代号	名称	代号
板	B	梁垫	LD	网架	KWJ
槽形板	CB	天窗端壁	TD	托架	TJ
吊车安全走道板	DB	梁	L	屋架	WJ
盖板	GB	吊车梁	DL	支架或柱基础	ZJ
空心板	KB	过梁	GL	梯	T
密肋板	MB	基础梁	JL	檩条	LT

1.26.2 门窗过梁

门窗过梁的特点与解说如图 1-52 所示。

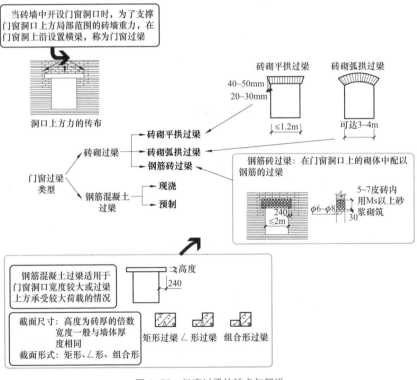

图 1-52 门窗过梁的特点与解说

1.26.3 柱

柱的结构特点与解说如图 1-53 所示。

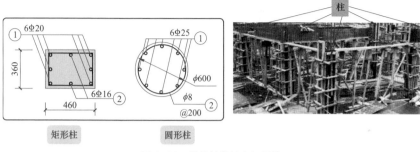

图 1-53 柱的结构特点与解说

1.26.4 楼地层

楼地层的结构对于是否允许开水电槽等工艺有影响。楼地层的类型与结构如图 1-54 所示。

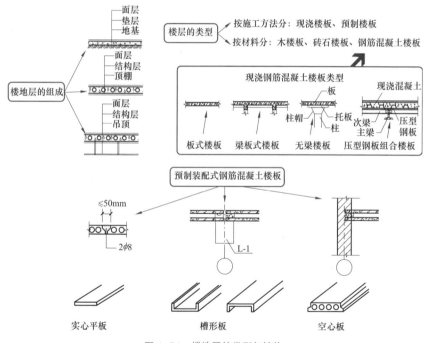

图 1-54 楼地层的类型与结构

楼地层防水的特点如图 1-55 所示。

1.26.5 墙体

墙体是建筑物的重要组成部分。其作用为承重、围护、分隔空间等。墙体，根据墙体受力情况与材料，可以分为承重墙、非承重墙。根据墙体构造方式，可

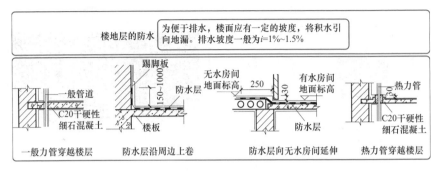

图 1-55 楼地层防水的特点

以分为实心墙、烧结空心砖墙、空斗墙、复合墙。根据墙体材料，可以分为砖墙、加气混凝土砌块墙、石材墙、板材墙、整体墙。根据墙体位置，可以分为外墙、内墙。

凡直接承受上部屋顶、楼板所传来荷载的墙称承重墙。凡不承受上部荷载的墙称非承重墙。非承重墙包括隔墙、填充墙、幕墙。

墙体（身）节点如图 1-56 所示。

根据现行墙体厚度用砖长作为确定依据，常用的种类：

（1）半砖墙。图样标注为 120mm，实际厚度为 115mm。

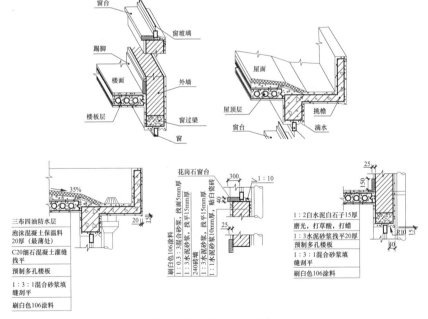

图 1-56 墙体（身）节点

（2）一砖墙。图样标注为 240mm，实际厚度为 240mm。

（3）一砖半墙。图样标注为 370mm，实际厚度为 365mm。

（4）二砖墙。图样标注为 490mm，实际厚度为 490mm。

3/4 砖墙。图样标注为 180mm，实际厚度为 180mm。

1.26.6　基础结构

基础是指建筑底部与地基接触的承重构件，其作用泛指把建筑上部的荷载传给地基。

埋墙基为基，立柱墩为础，合起来就是基础。地基必须坚固、稳定、可靠。基础的结构特点如图 1-57 所示。

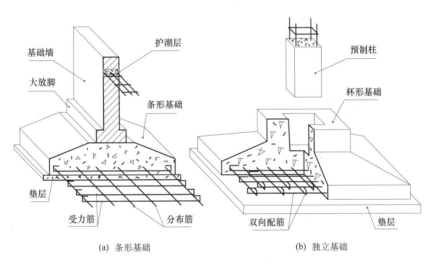

(a) 条形基础　　　　　　　　　　(b) 独立基础

图 1-57　基础的结构特点

1.26.7　基础梁

基础梁就是在地基土层上的梁，其特点图解如图 1-58 所示。

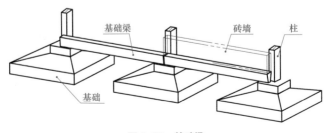

图 1-58　基础梁

1.27 钢筋混凝土结构

1.27.1 钢筋混凝土结构概述

　　钢筋混凝土结构是指用配有钢筋增强的混凝土制成的结构。承重的主要构件是用钢筋混凝土建造的。混凝土是由胶凝材料水泥、砂子、石子、水,以及掺和材料、外加剂等按一定的比例拌和而成。单纯的混凝土凝固后坚硬如石,受压能力好,但是受拉能力差,易因受拉而断裂。为解决该矛盾,充分发挥混凝土的受压能力,一般在混凝土受拉区域内或相应部位加入一定数量的相应钢筋。

　　钢筋是指钢筋混凝土用和预应力钢筋混凝土用钢材,其横截面为圆形、带圆角的方形等。钢筋包括光圆钢筋、带肋钢筋、扭转钢筋。钢筋混凝土用钢筋一般是指钢筋混凝土配筋用的直条或盘条状钢材,其外形分为光圆钢筋、变形钢筋等种类。

　　钢筋的特点如图 1-59 所示。

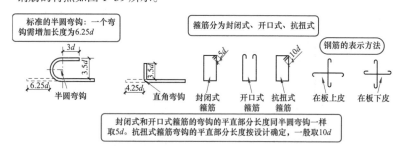

名称	图例	说明
箍筋大样图		箍筋或环筋复杂时须画其大样图
平面图或立面图中布置相同钢筋的起止范围		
平面图中的双层钢筋		底层钢筋弯钩向上或向左
墙体中的钢筋立面图		远面钢筋弯钩向下或向右
一般钢筋大样图		断面图中钢筋重影时在断面图外面增加大样图

图 1-59　钢筋的特点

钢筋的表示方法与含义如图 1-60 所示。

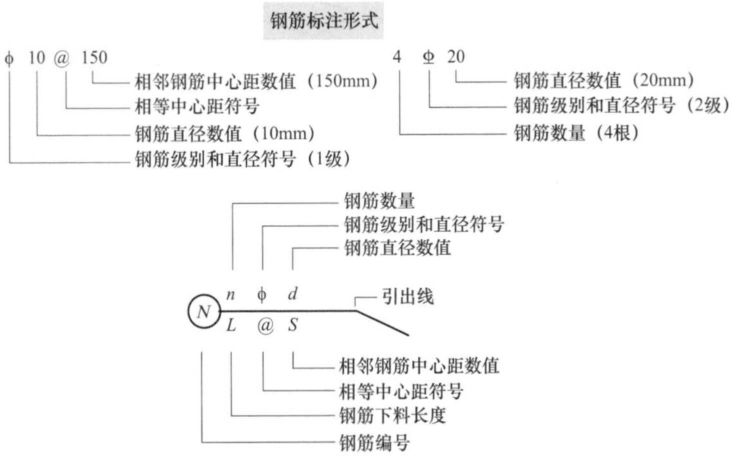

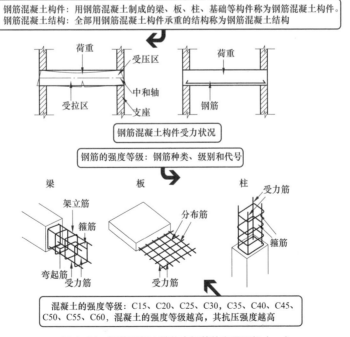

图 1-60　钢筋的表示方法与含义

钢筋混凝土结构中钢筋的应用图解如图 1-61 所示。

图 1-61　钢筋混凝土结构中钢筋的应用图解（一）

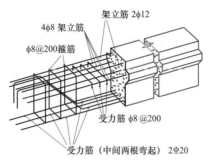

受力筋（中间两根弯起）2Φ20

钢筋的名称和作用

受力筋 —— 构件中承受拉应力和应压力的钢筋。用于梁、板、柱等各种钢筋混凝土构件中。

箍筋 —— 构件中承受一部分斜拉应力（剪应力），并固定纵向钢筋的位置。用于梁和柱中。

架立筋 —— 与梁内受力筋、箍筋一起构成钢筋的骨架。

分布筋 —— 与板内受力筋一起构成钢筋的骨架，垂直于受力筋。

构造筋 —— 因构造要求和施工安装需要配置的钢筋。

钢筋的保护层 —— 为了使钢筋在构件中不被锈蚀，加强钢筋与混凝土的粘结力，在各种构件中的受力筋外面，必须要有一定厚度的混凝土，这层混凝土就被称为保护层。

图 1-61　钢筋混凝土结构中钢筋的应用图解（二）

1.27.2　一般钢筋表示图例

一般钢筋表示图例见表 1-7。

表 1-7　一般钢筋表示图例

名称	图例	说明
端部带丝扣的钢筋		
无弯钩的钢筋搭接		
带半圆弯钩的钢筋搭接		
带直角钩的钢筋搭接		
钢筋套管接头（花篮螺栓）		
预应力钢筋		
钢筋横断面		
无弯钩的钢筋		下图表示长短钢筋投影重叠，45° 斜线表示短钢筋端部
端部带半圆弯钩的钢筋		
端部带直角钩的钢筋		

1.27.3　钢筋焊接接头表示图例

钢筋焊接接头表示图例见表 1-8。

表 1-8　　　　　　　　　　　钢筋焊接接头表示图例

名称	接头形式	标注方法
双面焊接的钢筋接头		
用帮条单面焊接的钢筋接头		
用帮条双面焊接的钢筋接头		
坡口立焊的钢筋接头	45°	45°
用角钢或扁钢做连接板焊接的钢筋接头		
接触对焊的钢筋接头		
坡口平焊的钢筋接头	60°	60°
单面焊接的钢筋接头		

▶ 1.28 建筑平面图常见图例

图例或者图形符号，一般是集中在图一角或一侧的，表示图上构件、设备、设施等要素的各种符号，以及颜色所代表内容、指标的说明。

了解图例或者图形符号，有助于更好的认识图。图例或者图形符号，是必不可少的阅读指南。

相同的要素可能具有多种图例或者图形符号，但是，同一套图应具有完备性、一致性、标准化等原则。

建筑平面图常见图例见表 1-9。

表 1-9　　　　　　　　　　　建筑平面图常见图例

图例	名称	图例	名称
	龙门吊车		风向频率玫瑰图
	烟囱		指北针

图例	名称	图例	名称
	散状材料 露大堆场		计划的道路
	其他材料露天堆 场或露天作业场		公路桥 铁路桥
	露天桥式吊车		护坡
	计划扩建的建筑物或预 留地	154.20	室内地坪标高
	要拆除的建筑物	143.00	室外整平标高
	地下建筑物或构建物		原有的道路
	新设计的建筑物 右上角以点数表示层数		围墙 表示砖、混凝土 及金属材料围墙
	原有的建筑物		围墙 表示镀锌铁丝网、篱笆 等围墙
	入口坡道		空门洞 单扇门
	底层楼梯		单扇双面弹簧门 双扇门
	中间层楼梯		对开折门 双扇双面弹簧门

续表

图例	名称	图例	名称
	顶层楼梯		单层固定窗
	方整砖　条石		玻璃
	毛石		纤维材料 或人造板
	普通砖 硬质砖		防水材料 或防潮层
	非承重的空心砖		金属
	瓷砖或类似材料 包括面砖、马赛克及各 种铺地砖		水
	厕所间		单层外开上悬窗
	淋浴小间		单层中悬窗
	墙上预留洞口 墙上预留槽		单层外开平开窗
	检查孔 地面检查孔　吊顶检查孔		高窗
	自然土壤		混凝土
	素土夯实		钢筋混凝土

图例	名称	图例	名称
	砂　灰土　粉刷材料		毛石混凝土
	砂　砾石　碎砖三合土		木材
	石料 包括岩层及贴面、铺地 等石材		多孔材料 或耐火砖

第2章

装饰装修施工图识图

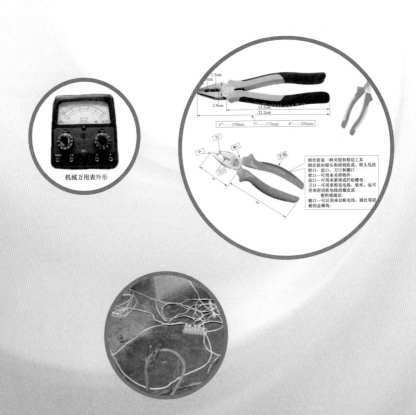

机械万用表外形

6"—150mm   7"—175mm   8"—200mm

钢丝钳是一种夹钳和剪切工具
钢丝钳由钳头和钳柄组成，钳头包括
钳口、齿口、刀口和铡口。
钳口——可用来夹持物件；
齿口——可用来紧固或拧松螺母；
刀口——可用来剪切电线、铁丝，也可
用来剖切电线的橡皮或
塑料绝缘层；
铡口——可以用来切断电线、钢丝等较
硬的金属线；

▶ 2.1 装饰装修概述

2.1.1 装饰装修常见术语

装饰装修施工图识图，要求读图人员具有一定的专业基础知识、实践经验，了解图中的常用名词、图形符号、文字符号、项目及其代号、标记等。其中，专业基础知识包括装饰装修常见术语及其含义。

装饰装修常见术语见表 2-1。

表 2-1   装饰装修常见术语

名称	解说
住宅	住宅是供家庭居住使用的建筑
套型	根据不同使用面积、居住空间组成的成套住宅类型
居住空间	居住空间系指卧室、起居室（厅）的使用空间
卧室	卧室是供居住者睡眠、休息的空间
起居室（厅）	起居室（厅）是供居住者会客、娱乐、团聚等活动的空间
厨房	厨房是供居住者进行炊事活动的空间
卫生间	卫生间是供居住者进行便溺、洗浴、盥洗等活动的空间
使用面积	使用面积是房间实际能使用的面积，不包括墙、柱等结构构造和保温层的面积
标准层	标准层是平面布置相同的住宅楼层
层高	层高是上下两层楼面或楼面与地面之间的垂直距离
室内净高	室内净高是楼面或地面至上部楼板底面或吊顶底面之间的垂直距离
阳台	阳台是供居住者进行室外活动、晾晒衣物等的空间
平台	供居住者进行室外活动的上人屋面或由住宅底层地面伸出室外的部分
过道	住宅套内使用的水平交通空间
壁柜	住宅套内与墙壁结合而成的落地储藏空间
吊柜	住宅套内上部的储藏空间
跃层住宅	套内空间跨跃两楼层及以上的住宅
自然层数	按楼板、地板结构分层的楼层数
中间层	底层和最高住户入口层间的中间楼层
单元式高层住宅	由多个住宅单元组合而成，每单元均设有楼梯、电梯的高层住宅
塔式高层住宅	以共用楼梯、电梯为核心布置多套住房的高层住宅
通廊式高层住宅	由共用楼梯、电梯通过内、外廊进入各套住房的高层住宅
走廊	住宅套外使用的水平交通空间
地下室	房间地面低于室外地平面的高度超过该房间净高的 1/2 者
半地下室	房间地面低于室外地平面的高度超过该房间净高的 1/3，且不超过 1/2 者

2.1.2　套型

目前，城镇家居空间以套型空间为主流。根据套型设计，每套住宅一般设有卧室、起居室（厅）、厨房、卫生间等基本空间。

普通住宅套型，可以分为一～四类，其居住空间个数、使用面积，一般不宜小于表 2-2 的规定。

表 2-2　　　　　　　　　　　　　套型分类

型	居住空间数 / 个	使用面积 /m²
一类	2	34
二类	3	45
三类	3	56
四类	4	68

注　表内使用面积均未包括阳台面积。

套型的图例如图 2-1 所示。

2.1.3　门窗

每套型基本多有门窗。门主要起到室内外交通联系、交通疏散，以及通风采光的作用，它具有尺度、位置、开启、构造等要素。窗主要有通风、采光等作用

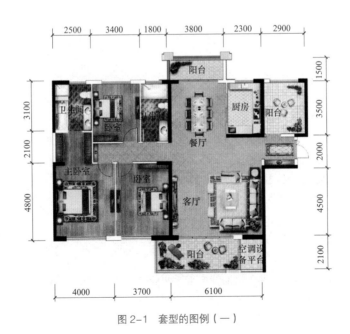

图 2-1　套型的图例（一）

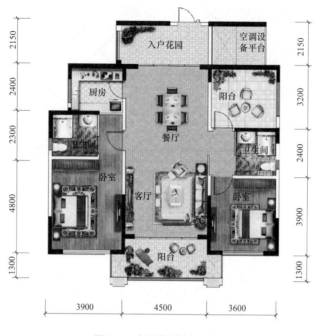

图 2-1　套型的图例（二）

与功能，其有大小、形式、开启、构造等特点或者要素。同时，门窗代表了与地域相关的人文景观，是建筑师、设计师手中的设计元素，也是房主展示其个性的一种符号。

　　根据门窗材质，其可以分为木门窗 、钢门窗、塑钢门窗、铝合金门窗、玻璃钢门窗、不锈钢门窗、铁花门窗等。根据门窗功能，其可以分为旋转门防盗门、自动门、旋转门等。

　　根据开启方式，其可以分为固定窗、上悬窗、中悬窗、下悬窗、立转窗、平开门窗、滑轮平开窗、滑轮窗、平开下悬门窗、推拉门窗、推拉平开窗、折叠门、地弹簧门、提升推拉门、推拉折叠门、内倒侧滑门等。根据性能，其可以分为隔声型门窗、保温型门窗、防火门窗、气密门窗等。根据应用部位，其可以分为内门窗、外门窗等。

　　装饰装修识图时，对于门窗应一看就懂，其图例与实际物体对应如图 2-2 所示。

　　图中窗的表示是在两条墙的线中夹了两条窗框线，也就是平行细线。钢筋结构墙的表示则是粗黑的实线。

　　了解了门窗图例，还应掌握相关的门窗知识。因为与装饰装修相关的门窗知

窗

门

图 2-2　门窗图例与实际物体对应

识是图样并没有完全表达出来，但在实际的施工或者相应作业中是需要考虑的或者需要掌握的。

相关门窗知识：

（1）外窗窗台距楼面、地面的净高低于 0.90m 时，一般有防护设施。窗外有阳台或平台时，可不受该限制。窗台的净高或防护栏杆的高度度应从可踏面起算，保证净高 0.90m。

（2）底层外窗和阳台门、下沿低于 2m 且紧邻走廊或公用上人屋面上的窗和门，一般采取防卫措施。

（3）面临走廊或凹口的窗，应避免视线干扰，向走廊开启的窗扇不应妨碍交通。

（4）住宅户门应采用安全防卫门。向外开启的户门不应妨碍交通。

（5）各部位门洞的最小尺寸应符合表 2-3 的规定。

表 2-3   门洞最小尺寸

类别	洞口宽度 /m	洞口高度 /m
公用外门	1.20	2.00
户（套）门	0.90	2.00
起居室（厅）门	0.90	2.00
卧室门	0.90	2.00
厨房门	0.80	2.00
卫生间门	0.70	2.00
阳台门（单扇）	0.70	2.00

注 1. 表中门洞口高度不包括门上亮子高度。
    2. 洞口两侧地面有高低差时，以高地面为起算高度。

▶ 2.2 常见的图

2.2.1 家装设计软件

常见的家装设计软件如图 2-3~ 图 2-5 所示。

（1）AutoCAD。所有基础设计都必须使用的矢量绘图软件，主要为施工图的设计软件。

（2）3DSmax。3 维效果图制作软件，主要为效果图的设计软件。

（3）Photoshop。图片编辑软件，主要为后期加工、调整。

另外，还有家装辅助设计软件。家装辅助设计软件是用来辅助装修设计，主要是能够设计二维的家居平面图、布置家具、三维视角浏览整个装修布局全貌等功能。

相关图软件墙壁的表示如图 2-6 所示。

户型图上的墙体一般用黑色、深色、浅色的线条标出。其中，承重墙一般是以黑色或深色的黑体实线来体现，在进行房屋装修改造的时候不能拆掉。

墙壁的参数主要有长度、厚度、方向、类型。看图时，需要根据说明、图例、图中信息、默认规定标准等来得知这些信息。

相关图软件房屋的表示如图 2-7 所示。

中望CAD   浩辰CAD   AutoCAD   CAD迷你看图   3D Studio Max   Photoshop

图 2-3   CAD 软件   图 2-4   相关图形图像软件

我家我设计   拖拖我的家   72xuan装修设计软件   e家居设计软件   创想3D在线装修设计软件

图 2-5   家装相关图软件

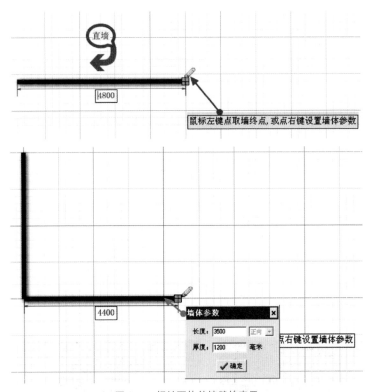

图 2-6　相关图软件墙壁的表示

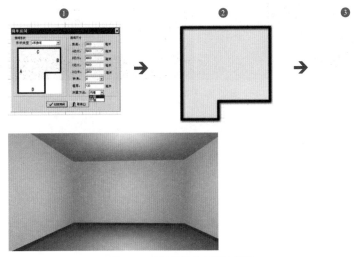

图 2-7　相关图软件房屋的表示

房屋开间是指房间的宽度，一般在 3 ～ 3.9m。进深是指房间的长度，一般控制在 5m 左右。进深过深，开间狭窄，不利于采光、通风。一般的户型图上会标注进深、开间这两个指标、参数。 两根拉出的直线中间夹杂着数字，例如 3.8m、4.2m 等就是进深或者开间。一般来讲，进深的总数值是越小越好，开间总数值是越大越好。

看房屋图时，需要从图中掌握哪些是墙壁，哪些是门窗，房屋的尺寸，测量方法等，具体可以通过软件的有关参数设计得知，有的直接在图上有信息。

2.2.2　效果图

家装效果图：装修效果图是对设计师、装修业主的设计意图、构思进行形象化再现的一种图形。该图形可以通过手绘或电脑软件在装修施工前就设计出的房子装修后的风格效果的一种图。

装修效果图可以提前让业主、水电工等人员知道以后装修是什么样子的，那些部位的特点是什么，有什么要求与注意事项。

装修效果图可以分为室内装修效果图、室外装修效果图。一般装修层面来说，室内装修效果图更常见。另外，装修效果图根据功能间，可以分为卫生间效果图、客厅效果图等（见图 2-8）。

图 2-8　家装卫生间效果图

水电工看装修平面图，应能够把平面图上的色彩、设计通过思维转换成空间上的实际感知（包括效果图上的感知），特别不要忽略了实际的开间与尺寸，以及得到有关水电的注意事项（见图 2-9）。

2.2.3　CAD 图

1.CAD 图概述

CAD 也就是计算机辅助设计（Computer Aided Design，CAD）。家装 CAD 图也就是用 CAD 软件制作的家装施工图、设计图等（见图 2-10）。

常见的家装 CAD 图有平面图、顶面图、地面图、剖面图、水电图等。

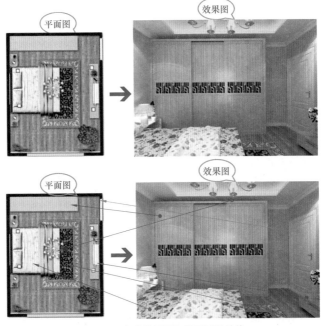

图 2-9　家装效果图与平面图的转换

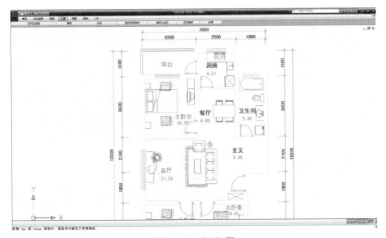

图 2-10　CAD 图

水电工施工时，主要是看 CAD 图。

CAD 绘制建筑平面图的步骤：轴线（有的有尺寸标上）→辅助线→墙线→门窗洞口→楼梯→其他。而在看 CAD 图时，是所有操作步骤完成后的整体效果。为了更好明白图样的意图，看图时，需要有意识的避开其他步骤作业结果的干扰。

例如看墙线时，就可以避开辅助线、轴线等干扰。

2. CAD 图线型与线型颜色

CAD 室内设计施工图常见的线型设置有中轴线、暗藏荧光灯带、不可见的物体结构线 、门窗开启线、木纹线 / 不锈钢 / 钛金等。常见的线型见表 2-4。

表 2-4 常见的线型

线型	应用
0.3mm 粗实线	平面、剖面图中被剖切的主要建筑构造的轮廓（建筑平面图）；室内外立面图的轮廓；建筑装饰构造详图的建筑物表面线
0.15~0.18mm 中实线	平面、剖面图中被剖切的次要建筑构造的轮廓线；室内外平顶面、立面、剖面图中建筑构配件的轮廓线；建筑装饰构造详图及构配件详图中一般轮廓线
0.1mm 细实线	填充线、尺寸线、尺寸界限、索引符号、标高符号、分格线等
0.1~0.13mm 细虚线	室内平面、顶面图中未剖切到的主要轮廓线；建筑构造及建筑装饰构配件不可见的轮廓线；外开门立面图开门表示方式；拟扩建的建筑轮廓线
0.1~0.13mm 细点画线	对称线、中心线、定位轴线
0.1~0.13mm 细折断线	不需画全的断开界线

有的 CAD 室内设计施工图，线型的颜色、类型与用途有一定的规律，识读时，可以根据这些规律来了解需要掌握的信息。

例如：有的立面、剖面上的水平线，剖切符号上的剖切短线用同一种颜色的线表示；有的图名上的水平线及圆圈用同一种颜色的线表示；平面上的墙线、立面上的柱线、剖面上的墙线及柱线用同一种颜色的线表示；物体的轮廓线、剖面上剖切到的线，稍粗一些的线用同一种颜色的线表示；各种文字、平面上的窗线，以及各种一般粗细的线用同一种颜色的线表示；剖断线，尺寸标注上的尺寸线、尺寸界线、起止符号，大样引出的圆圈及弧线，较为密集的线，最细的线用同一种颜色的线表示等。

线型颜色常见的有红色（色号为 1）、品红色（色号为 6）、黄色（色号为 2）、湖蓝色（色号为 4）、白色（色号为 7）、绿色（色号为 3）等。因此，识读时，可以根据线型颜色来了解该类线型代表的特点与要求，从而可以快速掌握有关信息。

CAD 图线型颜色图例解说如图 2-11 所示。

如果是黑白的图样，则可以根据图线轮廓、宽度来识别。

3. CAD 图层

CAD 图层是方便做图时的管理、打印，也就是哪些线为一层、哪些线宽为一层、哪些标注为一层等。如果不需要显示那一层，则"冻结"，那一层即可不显示。打印也是一样的（见图 2-12）。

例如识读床，根据图例黄色画成的图形，就很快得出该形状的特点。衣柜采用其他颜色，起到很大的区分作用，从而不会影响黄色画成的图形局部识别与整体联想

图例红色表示电视机的形状与含义，由于与周围线条颜色不同，因此，识别与联想很清晰

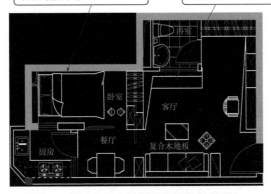

图 2-11 CAD 图线型颜色图例解说

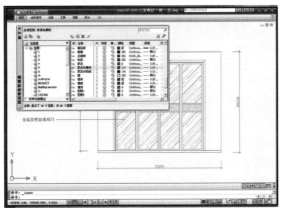

冷光灯也采用蓝色，识读有困难。如果采用其他颜色，则辨别就容易了

蓝色表示的门、外形清新可辨

5cm冷光灯

金属质感玻璃移门

2300

2620

3320

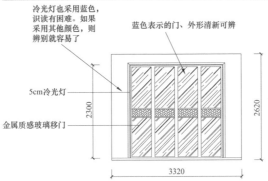

图 2-12 CAD 图层

CAD 图层，像一张透明的绘图纸。整个 CAD 图，就是 CAD 图层整个或者部分叠在一起看到的效果，也就是像许多张透明的绘图纸叠在一起看到的效果。

CAD 图对图层的设置与图层内容有一定的规律，例如表 2-5 就是一 CAD 室内设计施工图对图层设置、图层内容的定义。

表 2-5   图层设置、图层内容的定义

层名	图层颜色	内容	图层中颜色
0	白	无	白
2	黄	立面、剖面中的地面水平线（红）；剖面中墙线、柱线（黄）；平面中的墙线、柱线（黄）	黄、红
3	绿	剖断线；大样引出的圆圈及折线；较密集的线；最细线；门开启线；表示隐藏的或看不见的虚线	绿
4	湖蓝	物体的轮廓线；剖面上剖切到物体的线	湖蓝
7	白	图面上比轮廓线稍细一些的线；一般粗细的线	白
BH	绿	平面，立面，剖面上的填充图案	绿
DEPOINTS	白	不打印图框	白
DIM	绿	尺寸标注（尺寸值为白色）文字标注上的引出线	绿、白
K	白	图框	白、黄、绿
TEXT	白	文字图名索引符号；剖切符号	白、品红、绿、红

识读时，CAD 室内设计施工图，一般不会给出图层设置、图层内容的定义，需要根据软件或者自己根据图样找规律。

识读时，了解图层或者了解图层规律，就是为了更好的清晰识读。

4. CAD 图尺寸标注及文字注释形式

CAD 室内设计施工图，一般会有尺寸标注、文字注释。常见的 CAD 室内设计施工图，材料的标注一般在图面右侧或上侧，尺寸标注在图面左侧或下侧（见图 2-13）。

剖面图或大样图中的尺寸标注，一般是根据美观为准而标注的。尺寸标注一般标注为三段式，标不下或内容较少的情况下可标注为两段式。

CAD 室内设计施工图尺寸标注常见的几何有尺寸线、延长线、箭头、中心、比例等。文字注释的格式有拟合、水平对齐、垂直对齐等。

CAD 室内设计施工图尺寸标注，一般需要标明:最外总体尺寸、中间结构尺寸、最内功能尺寸等。其中分尺寸与总体尺寸必须相等。门缝、抽屉缝、搁板厚度等细节，有的没有要求标注。

5. CAD 图常用材料标注

CAD 图常用材料标注的文字说明，一般不重复标注，以能说明图面为准。CAD 图常用材料标注图例如图 2-14 所示。

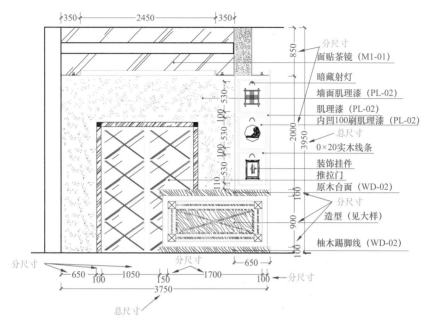

图 2-13　CAD 室内设计施工图尺寸标注

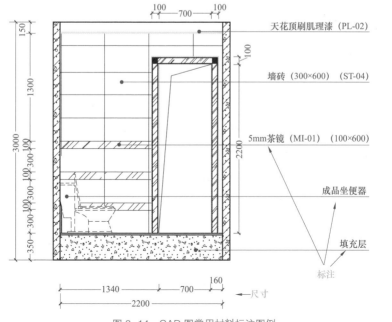

图 2-14　CAD 图常用材料标注图例

6. CAD 图图例与填充图案

常见的 CAD 图图例与填充图案如图 2-15 所示。

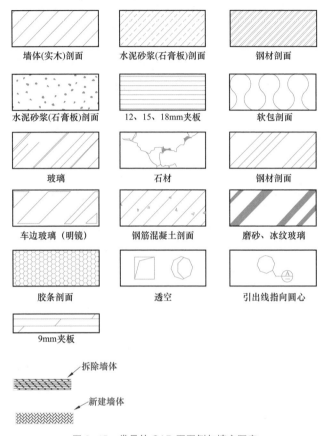

图 2-15　常见的 CAD 图图例与填充图案

7. CAD 图常用比例

CAD 室内设计施工图常用比例有：1：1、1：2、1：3、1：4、1：5、1：6、1：10、1：15、1：20、1：25、1：30、1：40、1：50、1：60、1：80、1：100、1：150、1：200、1：250、1：300、1：400、1：500 等。

识读 CAD 室内设计施工图比例，一般可以在图中找到比例的标注或者说明。

2.2.4　户型图

户型图就是家居房屋的平面空间布局图，也就是对各个独立空间的使用功能、相应位置、大小进行描述的图型。通过看户型图，可以直观的看清房屋的走向布局以及其他一些注意事项：

（1）结构。有的户型在开发时存在不足或者需要改动，因此，了解户型的可变结构对于家装施工也很重要。例如哪些墙能动，哪些墙不能动。下水管、上水管的位置，电线走向等需要掌握。

（2）了解剖面。了解剖面图，了解一个楼面的电梯、走道、楼梯、弱电房等的情况。

（3）开间与进深。了解开间与进深，主要是了解其尺寸。

（4）比例与布局。户型的合理与否，并不在于大小，而在于房屋各个部分间的比例与布局关系。该关系取决于设计时对于整个房型的把握，以及对日常生活细节的体验。

（5）尺寸与家具摆放。施工时，需要注意相关尺寸与家具摆放，从而具体掌握有关水电线路的布局、水电节点的安排，符合整体设计的要求，同时又符合具体生活的需要。

户型图可以分为户型平面图、户型模型图（见图 2-16）。

图 2-16　户型模型图

一些户型图样上，为了体现功能分区，设计户型图的单位会特意用餐桌椅、沙发、床、厨具、卫浴等来分别体现餐厅、客厅、房间、厨房、卫生间等，但要注意，在户型图上的家具实际上只充当一个道具角色。因此，施工看户型图前，必须确保是所施工的户型图（见图 2-17）。

2.2.5　大样图

大样图就是指针对某一特定区域进行特殊性放大标注，较详细的表示出来的一种图。节点大样图就是某些形状特殊、开孔或连接较复杂的零件或节点，在整体图中不便表达清楚时，可移出另画大样图。

水电大样图其实就是局部的细化。也就是说，看到水电大样图就是要求该节点就是这样做。一般情况下，只注重按图施工，可以不联想其他地方的联系与互动。

根据家居设备设施联想水电布线布管的特点与要求

开关、插座一般不能被设备、设施遮住，不得影响正常的操作与使用。图样一般会标志开关、插座的位置点

图 2-17　户型图

　　不同的水电大样图具体特点有差异，平时多看水电大样图，基本上能了解同一类型水电大样图的施工特点，同时，也可以自己设计。

　　如图 2-18 所示的荧光灯安装图就是一种大样图。

　　一般能够表达清楚的图，就没有再提供大样图了，或者说其本身可以说是一种大样图，如图 2-19 所示的半圆灯具安装图。

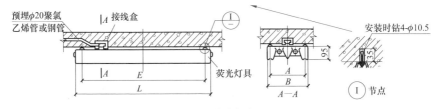

图 2-18 荧光灯安装图

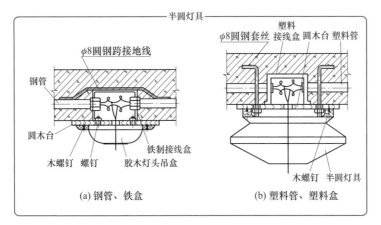

图 2-19 半圆灯具安装图

2.2.6 建筑平面图

建筑平面图简称平面图。建筑平面图是建筑施工图的基本样图，它是假想用一水平的剖切面沿门窗洞位置将房屋剖切后，对剖切面以下部分所作的水平投影图。

建筑平面图，可以分为建筑施工图、结构施工图、设备施工图、底层平面图、标准层平面图、顶层平面图、屋顶平面图等。

通过识读建筑平面图，能够掌握房屋的平面形状、名称、尺寸、定位轴线、墙壁厚、方位、朝向、大小、布置，以及墙、柱、楼梯、走道、地面、门窗的位置、尺寸、材料、占地面积；门窗的类型、位置等信息。

通过识读建筑平面图，也能够掌握建筑物的功能需要、平面布局、平面的构成关系、内部结构、排水规划、强弱电规划、暖通设备规划、管线规划、固定设备（例如浴缸、洗面盆、炉灶、橱柜、便器、污水池等）的空间位置、台阶／阳台／雨篷／散水的位置及细部尺寸、室内地面的高度、比例、剖切符号、索引符号等。

识读建筑平面图，有的图门的代号为 M，窗的代号为 C。在代号后面有编号，同一编号表示同一类型的门窗，例如 M-1；C-1。

建筑平面图图例如图 2-20 所示。

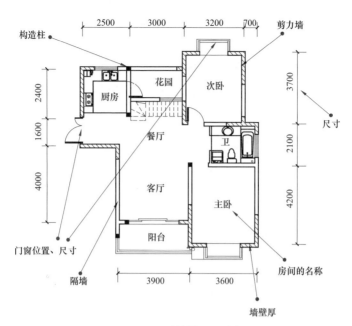

图 2-20　建筑平面图图例

2.2.7　安装图

　　安装图是表示各项目安装位置的图，以及具体安装工艺与结构的图。例如花灯安装图就表示花灯是怎样固定安装。也就是说，其安装的工艺与结构特点基本上可以通过其安装图体现出来。

　　识读安装图时，需要注意各部位的特点与要求，各部位间的联系，并且有的需要多个图结合看。

　　识读安装图时，还需要看安装说明，从中可以了解系统、装置、设备或元件的安装条件，安装和测试说明或信息。

　　花灯安装图图例如图 2-21 所示。与安装图有关的图的含义、特点如下：

　　（1）安装简图。安装简图是表示各项目间连接的安装图。

　　（2）装配图。装配图是通常按比例表示一组装配部件的空间位置与形状的图。

　　（3）布置图。布置图是经简化或补充以给出某种特定目的所需信息的装配图。

2.2.8　原始建筑测量图

　　原始建筑测量图属于装修主要图样。装修主要图样也就是装修过程中，主要装修环节的示意图。其能够让户主、施工人员清楚设计者的构想。装修的主要图样包括原始建筑测量图、平面布局图、天花吊顶布局图等。

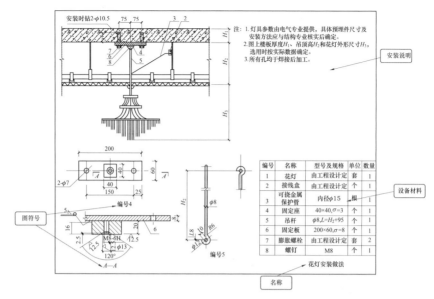

图 2-21　花灯安装图

原始建筑测量图就是测量完房后，绘制出的原始平面图。其是后续一切设计图样的基础。

识读原始建筑测量图时，可以了解到原始建筑房间的尺寸、门窗的尺寸、户型结构、墙体厚度、层高、房间梁柱位置、门窗洞口的位置、各项管井（上下水、煤气管道、空调暖管、进户电源）的位置/功能/尺寸等项目。

原始建筑测量图图例如图 2-22、图 2-23 所示。

原始结构图对应的新房一般是毛坯房，如图 2-24 所示。

2.2.9　墙体改造图

识读墙体改造图时，可以了解到墙体的拆除尺寸、厚度、砌筑材料等信息。当墙体拆除图与砌筑图不叠加时，一般是只有一张墙体改造图。当墙体拆除图与砌筑图叠加时，一般有两张墙体改造图。

识读墙体改造图，可以通过看图名，了解是否是墙体改造图。可以通过看指定图例，了解拆墙和筑墙的地方。可以通过看标注，了解定位尺寸和改造尺寸、厚度、材料等信息。如果有砌筑地台，可以通过看图掌握尺寸、标高、材料名称。有围砌下水管或者其他泥水工程，可以通过看图掌握相关的信息。

识读墙体改造图时，有的要求是用文字说明。因此，识读墙体改造图时，文字说明也要阅读。例如有的墙体改造图规定：如果半高墙体砌筑，可通过文字说

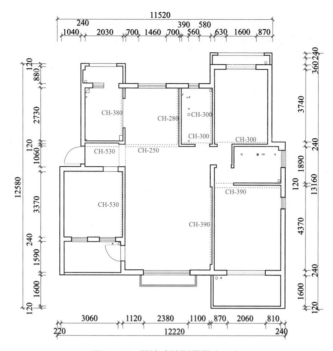

图 2-22 原始建筑测量图（一）

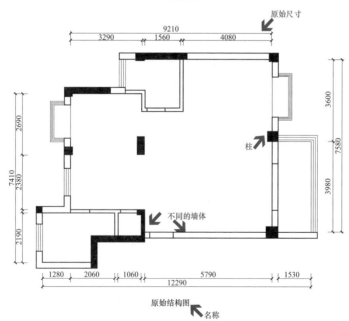

图 2-23 原始建筑测量图（二）

图 2-24　毛坯房实际效果

明或绘制立面图表现。

　　墙体改造图图例如图 2-25、图 2-26 所示。

　　墙体改造图一般是在原始建筑测量图基础上进行的描述。

　　墙体改造实际图如图 2-27 所示。

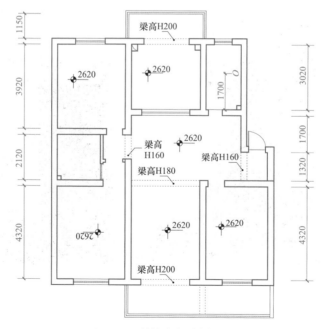

图 2-25　墙体改造图例（一）

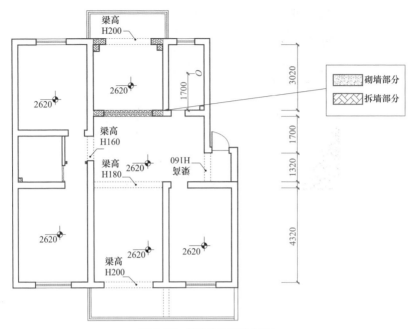

图 2-26 墙体改造图例（二）

图 2-27 墙体改造实际图

2.2.10 装饰平面布局布置图

装饰平面布置图一般是指用平面的方式展现空间的布置与安排。装饰平面布置图常见的要素为比例尺、方向、图例、注记等。

（1）比例尺就是图上距离比实地距离缩小的程度，也叫做缩尺。

（2）比例尺常见公式为

$$比例尺 = 图上距离 / 实地距离$$

（3）比例尺的常见表示方式为：

1）数字式表示。用数字形式表示图上 1cm 代表实地距离为多少米。

2）直线式表示。在图上画一条直线，注明图上 1cm 代表实地距离多少米。

3）文字式表示。在图上用文字直接写出 1cm 代表实地距离多少米。

（4）装饰平面布置图上的比例尺一般是分式（或者比式），分子为 1，分母越大，则说明图的比例尺越小。

装饰平面布局布置图中，可以提供许多内容、信息。包括墙体定位尺寸、结构柱尺寸、门窗尺寸、各区域名称、室内地面标高、室外地面标高、墙体厚度、楼梯平面位置的安排、上下方向示意、梯级计算、门的开启方向、活动家具的布置、盆景的配置、雕塑的配置、工艺品配置等。

看装饰平面布置图时，应明白平面布置图中不同线的表示含义。如有必要，需要结合文字说明来理解。

通过看装饰平面布局布置图，可以了解空间的划分、功能的分区。看平面布置图时，需要了解哪些具体的平面布置图，毕竟平面布置图比较多。看平面布置图尺寸时，如果想联系实际情况的尺寸，则需要根据平面布置图上的尺寸，以及平面布置图上的比例来联想实际情况的尺寸。看装饰平面布置图时，还需要了解哪些是房屋主体结构，毕竟主体结构是能够随意敲掉的。

通过看装饰平面布置图时，可以了解厨房设备、家具、卫生洁具、电气设备、隔断、装饰构件等布置情况，在施工时，做到心中有数。

通过看装饰平面布置图时，还可以了解剖面符号、详图索引符号、图例名称、文字说明等包含的信息。

平面布置图一般是采用 CAD 绘图软件、平面手工绘图等绘制的。

装饰平面布局布置图图例如图 2-28 所示。

家居平面布置图是装饰平面布局布置图的一种，能够反映家具的布置，电器的放置。识读家居平面布置图时，需要注意，平面布置图中的家具尺寸不能够随意缩小。因为选择家具时，是根据房间大小与设计风格来选择的。

家居平面布置图图例如图 2-29 所示。

2.2.11　地面铺贴图

通过识读地面铺贴图，可以了解各空间地面材料的种类、规格、铺贴工艺、拼花样式、地面高低差等信息。

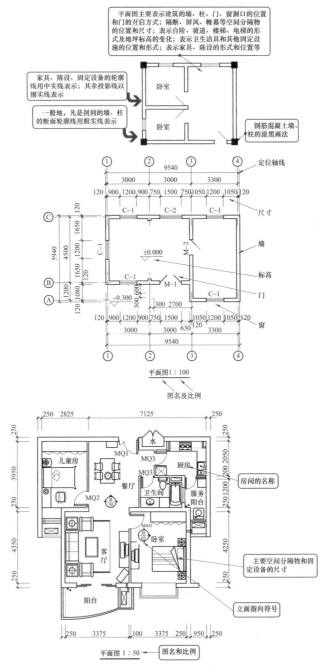

图 2-28 装饰平面布局布置图

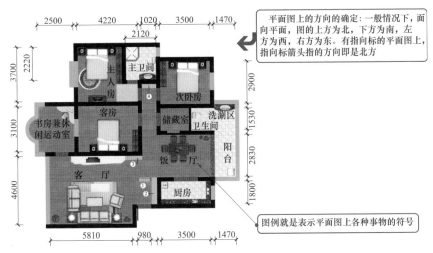

平面图上的方向的确定：一般情况下，面向平面，图的上方为北，下方为南，左方为西，右方为东。有指向标的平面图上，指向标箭头指的方向即是北方

图例就是表示平面图各种事物的符号

图 2-29　家居平面布置图

地面铺贴图的门槛石、飘窗台，一般具有填充与标注。同时铺贴瓷砖、石材等泥工材料时，所有非泥工制作的家具一般没有标注与图示。但是，如果铺贴为木地板、地毯类的材料时，并且为现场制作家具，则在地面铺贴图中保留，而成品家具没有标注与图示。

严格来讲，地面材质图是一种地面铺贴图。地面材质图是关于地面材质的内容的一种图。通过识读地面铺贴图，可以了解需要铺设的地面材料种类、地面拼花、材料尺寸、不同材料分界线。

严格来讲，楼地面装修图也是一种地面铺贴图。通过识读楼地面装修图，可以了解地面的造型、材料名称、材料规格、工艺要求、各功能空间的地面铺装形式等。有的楼地面装修图，还具有工艺做法、详图尺寸标注等有关信息。

2.2.12　平面面积图

通过识读平面面积图，可以了解各空间内墙所围合的面积、周长。其中，一般不包括门槛的面积与窗台的面积。

平面面积图一般是在平面布置图的基础上进行的补充，因此，有的识读方法与识读平面布置图的方法基本一样。

如果地面有高低差，则平面面积图一般有高地差的分界标识。

建筑常见的面积概念如下：

（1）购房面积。购房面积有关关系为

$$购房面积 = 建筑面积 + 公有面积$$

公有率 = 公有面积 / 购房面积

（2）建筑面积。建筑面积包含墙体、柱子所占有的面积 + 实际的使用面积。购房时，所指的建筑面积中阳台只计算一半的面积，飘窗不计算面积，落地窗计算面积，结构板不计算面积，公共墙只计算一半的面积。

（3）公有面积。公有面积是指公共空间所占有的面积。

（4）使用面积。使用面积是指独个空间的地面面积。

2.2.13　天花装饰图

天花的功能作用为装饰、照明、音响、空调、防火等。天花装修的类型有悬吊式、直接式，如图 2-30 所示。

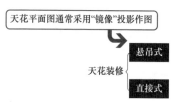

图 2-30　天花装修的类型

识读天花装饰图时，需要注意以下几点：

（1）有的天花布置图，建筑主体结构没有表示，有的门窗位置是用虚线表示的。

（2）天花布置图，一般对天花造型、灯饰、空调风口、排气扇、消防设施的轮廓线，条块饰面材料的排列方向线进行了表示。

（3）天花布置图，一般具有节点详图索引、剖面 / 断面等符号，应会识别索引与符号，以及能够掌握有关节点详图或者剖面 / 断面有关信息。

（4）天花布置图，一般具有建筑主体结构的主要轴线、轴号，主要尺寸等有关信息。

（5）天花布置图，一般对天花造型、各类设施的定形具有定位尺寸、标高。

（6）天花布置图，一般具有天花的各类设施、各部位的饰面材料、涂料规格、名称、工艺说明等信息。

2.2.14　天花布置图

天花布置图是天花吊顶装修项目中最重要的图样之一。通过识读天花布置图，可以了解天花吊顶的材料、规格、造型、高度、施工工艺、灯具、标注尺寸、标高、跌级吊顶的宽度、带有灯槽的吊顶高低差、详图索引、筒灯数量、灯间距、窗帘盒宽度 / 深度、灯具的安装和尺寸、顶棚的造型、顶棚上设备的位置等。

天花布置图，如果是块状天花，则一般有灯具的安装和尺寸有关信息。如果为到顶家具，则天花图中一般该家具的图示。

天花布置图常见的尺寸要求如下：

（1）跌级吊顶的宽度至少为 300mm，带有灯槽的吊顶高低差至少为 150mm。

（2）带窗帘盒，单层窗帘盒宽度一般 150mm 左右，双层窗帘盒宽度一般 200mm 左右，深度一般 150mm 左右。

（3）筒灯数量考虑节能和设计需要，一般灯间距至少为 1200 mm。

顶棚平面图其实也是一种天花布置图。通过识读顶棚平面图，可以了解墙 /
柱 / 门 / 窗 / 洞口的位置、顶棚的造型、顶棚上的灯具 / 通风口 / 扬声器 / 烟感 / 喷
淋等设备的位置等信息。

天花布置图图例如图 2-31 所示。

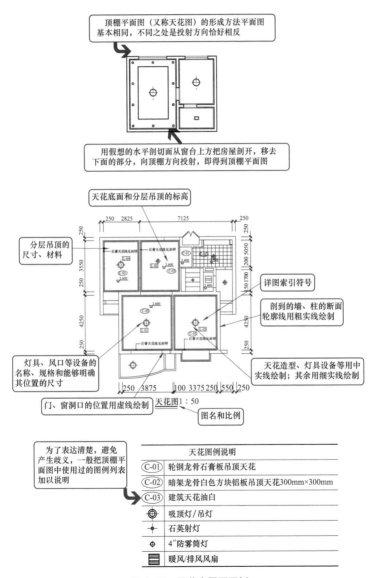

图 2-31　天花布置图图例

2.2.15 灯具定位图

通过识读灯具定位图，可以了解天花中灯具的中心点的安装距离，包括排气扇、浴灯等电气设备的安装距离。

识读灯具定位图时，需要注意以下几点：

（1）有的灯具定位图，如果灯具在房间的正中央，则是通过对角线来表示的。

（2）有的灯具定位图，如果是块状天花（铝扣板等），则没有给出尺寸。

（3）有的灯具定位图，如果壁灯或者其他的墙面造型灯，则是在立面图中标注了尺寸。

（4）有的灯具定位图，如果是简单的灯具布置图，则可能与天花布置图合并为一张图样。

（5）有的灯具定位图，暗藏的灯带是没有标注尺寸的。

（6）有的灯具定位图，灯具定位只确定一端的距离，没有给出两端确定距离。

（7）常见的装饰灯饰素材图例如图 2-32 所示。

图 2-32　常见的装饰灯饰素材图例

（8）识读灯具定位图时，需要能够根据灯具符号，想得出实际的灯具。例如壁灯符号与实物的对应图例如图 2-33 所示。吊灯符号与实物的对应图例如图 2-34 所示。灯具包装标志与含义如图 2-35 所示。

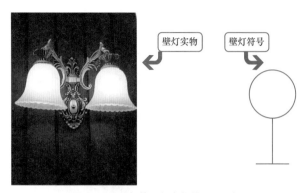

图 2-33　壁灯符号与实物的对应图例

图 2-34　吊灯符号与实物的对应图例

室内使用　　不可触摸光源　　不可调光　　更换光源需断电

不可自行拆卸　　不可密封　　不可直视

图 2-35　灯具包装标志与含义

2.2.16　开关布置图

通过识读开关布置图，可以了解开关与灯具间的控制关系、开关的类型、开关图例等。

识读开关布置图时，需要注意以下几点：

（1）开关布置图，一般是按灯具的种类来确定开关数量，一类灯至少有一个开关。

（2）开关布置图，开关的设计一般考虑了节能、安全。

（3）开关布置图，开关的位置一般要考虑家具的位置，特别是门的位置。

（4）开关布置图，如果灯具较多，则一般采用了多个开关控制。

（5）开关布置图，如果是复杂灯具，则开关布置一般是就近原则（方便使用）。

（6）墙壁上的灯、柜子里面的灯、地面上的灯，一般在开关布置图上有标识。

（7）开关布置图上的浴灯，一般采用的是四极开关。

（8）开关布置图，如果两根线出现交叉时，一般是用半圆弧来表示的，图例如图 2-36 所示。

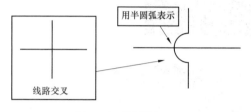

图 2-36　两根线交叉

2.2.17　插座布置图

通过识读开关布置图，可以了解插座的分布情况、种类、离地高度、插座图例等。

识读插座布置图时，需要注意以下几点：

（1）注意插座设计是以电器为基础，但是，也考虑了备用插座。

（2）注意插座的位置需要考虑家具的高度。

（3）注意地面插座，有的没有标明高度，但是有的给出了相对的安装尺寸。其他特殊插座是根据实际情况调整给出的有关信息。

（4）注意插座的高度：

1）普通插座离地高度一般为 300mm。

2）厨房内台面上插座离地一般为 1000mm 左右。

3）嵌入式消毒柜插座一般为 650mm 左右。

4）抽油烟机插座离地一般为 2000mm 左右。

5）冰箱离地一般为 450mm 以上。

6）柜式空调插座离地一般为 450mm 以上。

7）挂式空调插座离顶一般为 200mm 左右。

8）挂式空调插座离地一般为 2000mm 以上。

9）床头柜插座离地一般为 650mm 左右。

10）洗脸台插座离地一般为 1300mm 左右。

11）洗衣机插座离地一般为 1300mm 左右。

12）电视墙插座高度一般是根据相应立面设计做调整的。

13）电热水器插座离地一般为 1800mm 以上。

14）燃气热水器离地一般为 1800 mm 左右。

2.2.18　水路布置图

通过识读水路布置图，可以了解冷水 / 热水的分布情况、进水阀、水路、冷水、热水、水龙头图例、水龙头高度等。

识读水路布置图时，可以根据从进水阀开始，沿着水路识读。冷水水路沿着冷水水路识读，热水水路沿着热水水路识读。蓝色线一般表示冷水路，红色线一般表示热水路。水龙头的种类可以通过相关文字或者图例掌握。

有的水路布置图，水龙头的高度只是大概标明，具体的标明或者要求到施工时候标明或者交底，甚至有的需要根据施工规范由水电工来定。

2.2.19　装修立面图

通过识读装修立面图，可以了解家具或者墙面的造型、材料、工艺、尺寸、有关文字等。

装修立面图的主要内容有：

（1）墙面 / 柱面的装修做法，包括材料、造型、尺寸等。

（2）表示门、窗、窗帘的形式和尺寸。

（3）表示隔断、屏风等的外观、尺寸。

（4）表现墙面、柱面上的灯具、挂件、壁画等装饰。

（5）表示山石、水体、绿化的做法形式等。

装修立面图图例如图 2-37 所示。

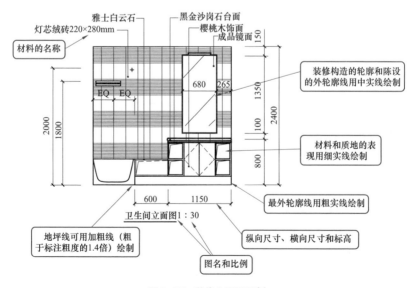

图 2-37　装修立面图图例

识读装修立面图时，需要注意以下几点：

（1）许多装修立面图有索引符号，因此要会识别索引符号，同时能够根据索引符号找到详图号，以及掌握详图有关的信息。索引符号图例如图 2-38 所示。

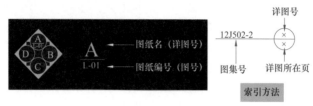

图 2-38　索引符号图例

（2）识读装修立面图时，有的图的详图号是写在图框的图名框中，图号是写在图框的图号中。

（3）识读装修立面图时，根据图样编号了解信息，例如有的图编号为英文大写加数字，其中平面图是 P 开头、立面图是 L 开头、剖面图是 D 开头。

（4）识读装修立面图时，注意立面图与剖立面图的差异，立面图与剖立面图的比较如图 2-39 所示。

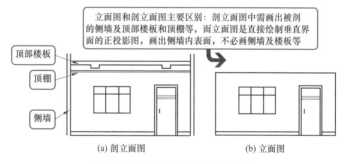

(a) 剖立面图　　　　　　　　(b) 立面图

图 2-39　立面图与剖立面图的比较

2.2.20　节点装修详图

通过识读节点装修详图，可以了解装修细部的局部放大、剖面、断面、结构做法等。常见的节点装修详图包括局部放大图、剖面图、断面图。

识读节点装修详图，一般可以掌握的有关信息如下：

（1）了解比例、图幅、地面 / 楼板 / 墙面两端的定位轴线。

（2）了解墙面的主要造型轮廓线。

（3）了解墙面次要轮廓线、尺寸标注、剖面符号、详图索引、文字说明。

（4）了解建筑主体结构、墙面主要造型轮廓线等。

识读节点装修详图，需要注意以下几点：

（1）节点装修详图，建筑主体结构的梁、板、墙一般是用粗实线来表示。

（2）节点装修详图，次要的轮廓线一般是用细实线来表示。

（3）节点装修详图，剖到的建筑结构、材料的断面轮廓线一般是以粗实线来表示的，其余是以细实线来表示的。

（4）节点装修详图，一个工程有多少幅详图、有哪些部位的详图，要根据设计情况、工程大小、工程复杂程度而定的。

（5）一般工程，具有的详图有墙面详图、柱面详图、楼梯详图、特殊的门/窗/隔断/暖气罩/顶棚等建筑构配件详图、服务台/酒吧台/壁柜/洗面池等固定设施设备详图、水池/喷泉/假山/花池等造景详图、专门为该工程设计的家具/灯具详图等。

（6）识读节点装修详图，也就是识读纵横剖面图、局部放大图、装饰大样图等图。

2.2.21　墙柱面装修图

通过识读墙柱面装修图，可以了解建筑主体结构中铅垂立面的装修方法、墙柱面造型的轮廓线/壁灯/装饰件、吊顶天花及吊顶以上的主体结构、墙柱面饰面材料/涂料的名称/规格/颜色/工艺说明、尺寸标注、详图索引、剖面/断面符号标注、立面图两端墙柱体的定位轴线/编号。

识读墙柱面装修图，需要注意以下几点：

（1）墙柱面装修图，建筑主体结构的梁、板、墙一般是用粗实线来表示的。

（2）墙柱面装修图，墙面主要造型轮廓线一般是用中实线来表示的。

（3）墙柱面装修图，次要的轮廓线（例如装饰线、浮雕图案等）一般是用细实线来表示的。

2.2.22　轴测图

通过识读轴测图，可以了解较复杂对象的特点，例如家具、家具造型、标注等。

2.3　识读装饰装修图

2.3.1　读图（识图）顺序

一套装饰装修电气施工图读图顺序如下：

看标题栏与图样目录→看设计说明→看设备材料表→看系统图→看平面布置图→看控制原理图→看安装接线图→看安装大样图。

如果有的套图没有相应的图，则需要结合实际工作经验与知识来阅读。

2.3.2　家居功能间

家居功能间（房屋功能间）有玄关、过道、客厅、卧室、书房、餐厅、厨房、阳台、吧台、花园、卫生间、儿童房、女孩房、男孩房、新婚房、衣帽间、休息室、地下室、洗衣间、化妆间、健身房、老人房、工作间等。

识读家居功能间（房屋功能间），可以了解各功能间的名称、特点、要求、尺寸、摆设等信息。

家居功能间（房屋功能间）图例如图 2-40 所示。

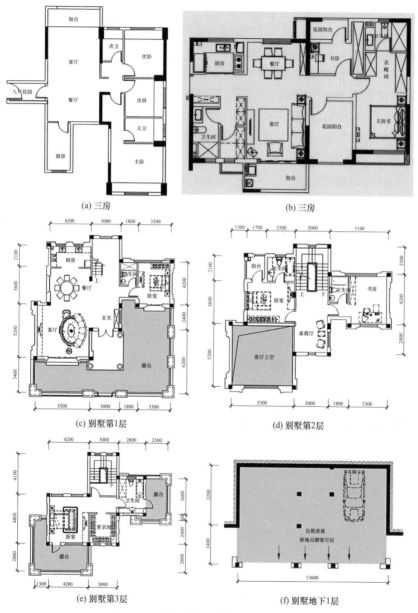

图 2-40　家居功能间（房屋功能间）图例

2.3.3　常见构件与结构

　　房屋功能间常见构件有隔断、吊顶、阁楼、鞋柜、门窗、窗格、窗帘、床具、墙绘、电视墙、装饰墙、照片墙、榻榻米、地面装饰、橱柜、地台、飘窗、绿植、浴缸、壁橱、沙发、壁炉、搁架、博古架、洗手池、宠物角、茶点桌、古典家具、吧台、酒架、餐桌、楼梯、书架、马桶、衣柜、灯具、茶几、淋浴房、储物柜、写字台、升降台、家居饰品、梳妆台、木饰、面板、石材、面板、盆栽植物、手绘家具等。

　　常见房屋建筑结构实物与图例对照如图 2-41 所示。

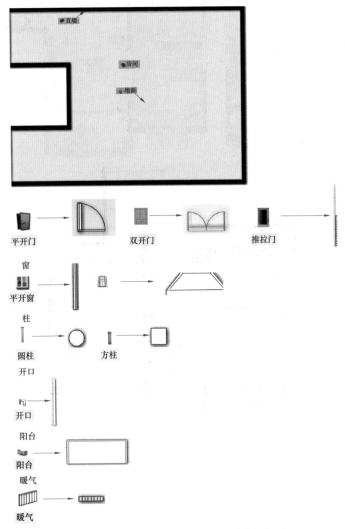

图 2-41　常见房屋建筑结构实物与图例对照（一）

图 2-41 常见房屋建筑结构实物与图例对照（二）

房屋建筑结构视图对比与转换图例如图 2-42 所示。

2.3.4 几何体

常见的几何体视图对比与平面 / 三维转换图例如图 2-43 所示。

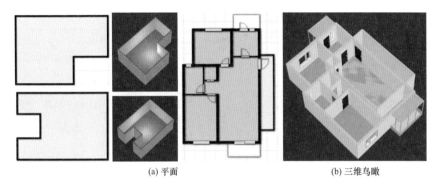

(a) 平面　　　　　　　　　　(b) 三维鸟瞰

图 2-42　房屋建筑结构视图对比与转换图例

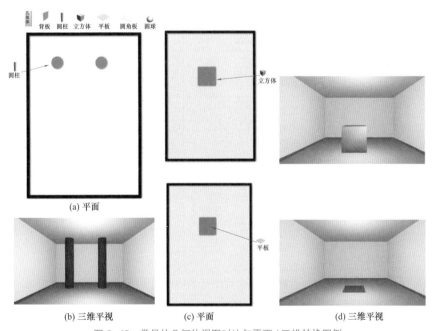

图 2-43　常见的几何体视图对比与平面／三维转换图例

2.3.5　装饰装修图图例

1. 常见剖面填充图例与其含义

常见剖面填充图例与其含义见表 2-6。

表 2-6　　　　　　　　　　常见剖面填充图图例与其含义

名称	图例	备注
网装材料		包括金属、塑料网状材料注明具体材料名称
玻璃		包括平板玻璃、磨砂玻璃、夹丝玻璃、钢化玻璃、中空玻璃、加层玻璃、镀膜玻璃等
橡胶		
塑料		包括各种软、硬塑料及有机玻璃等
防水材料		构造层次多或比例大时，采用上面图例
抛光砖		
防滑砖		
木地板		
玻璃		
磨砂玻璃		
镜面		
毛石		
木纹		
大理石		

续表

名称	图例	备注
粉刷		采用较稀的点
夯实素土		
砂、灰土、砂浆		
混凝土		指承重体
钢筋混凝土（砼）		指承重体
石材		
耐火砖		包括耐酸砖等砌体
混凝土柱		
砖柱		
多孔材料		包括水泥珍珠岩、沥青珍珠岩、泡沫混凝土、非承重加气混凝土、软木、蛭石制品等
纤维材料		包括矿棉、岩棉、玻璃棉、麻丝、木丝板、纤维板等
泡沫塑料		包括聚苯乙烯、聚乙烯、聚氨酯等多孔聚合物类材料
普通砖		包括实心砖、多孔砖、砌块等砌体。断面较窄不易绘出图例线时，可涂红
饰面砖		包括抛光砖、防滑砖、马赛克陶瓷锦砖、人造大理石等

续表

名称	图例	备注
空心砖	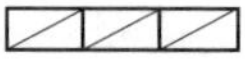	指非承重砖砌体
剪力墙	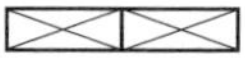	
木材	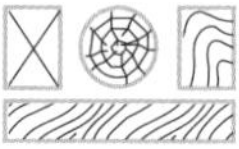	上图为横断面,上左图为垫木、木砖或木龙骨 下图为纵断面
胶合板	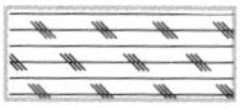	应注明为 X 层胶合板
石膏板	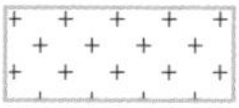	包括圆孔、方孔石膏板、防水石膏板等
金属		

2. 常见符号的表示与含义

常见符号的表示与含义如图 2-44 所示。

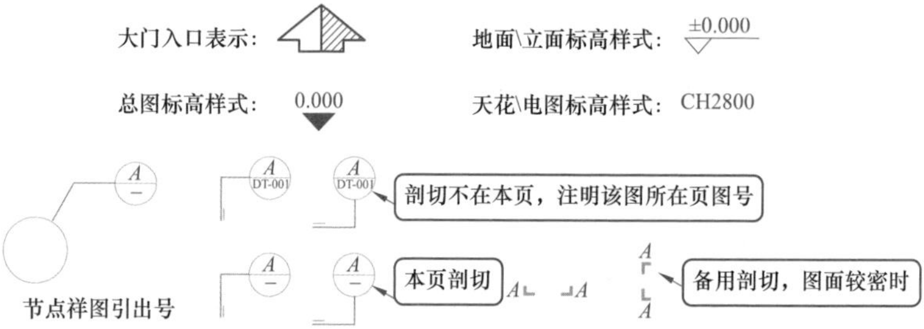

图 2-44　常见符号的表示与含义

2.4 家居产品

2.4.1 家居产品概述

常见的家居产品与其分类如图 2-45 所示。

2.4.2 沙发

常见的沙发图例如图 2-46 所示。

沙发在平面图中的表示与空间布局图例如图 2-47 所示。

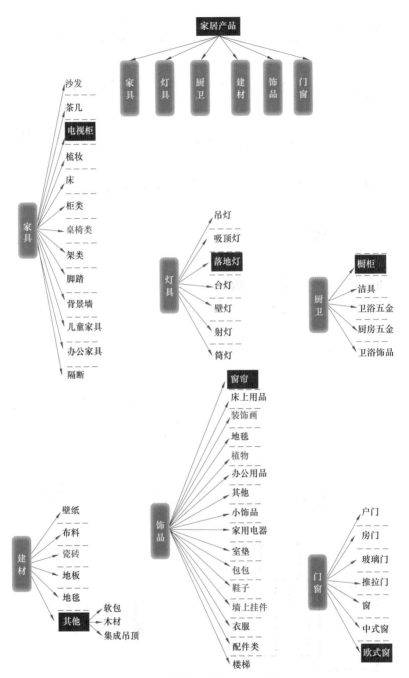

图 2-45 常见的家居产品与其分类

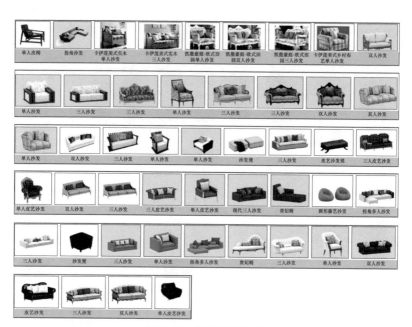

图 2-46 常见的沙发图例

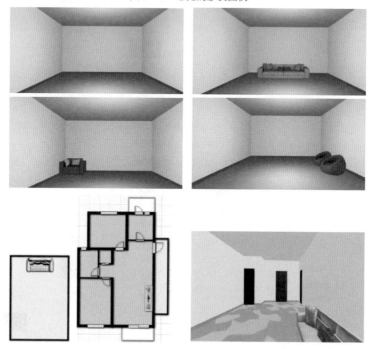

图 2-47 沙发在平面图中的表示与空间布局图例

2.4.3 茶几

常见的茶几图例如图 2-48 所示。

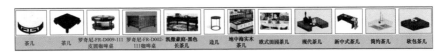

| 茶几 | 茶几 | 罗奇尼-FR-D009-111 皮圆咖啡桌 | 罗奇尼-FR-D002- 111咖啡桌 | 凯撒豪庭-黑色 长茶几 | 边几 | 地中海实木 茶几 | 欧式田园茶几 | 现代茶几 | 新中式茶几 | 简约茶几 | 软包茶几 |

图 2-48　常见的茶几图例

茶几在平面图中的表示与空间对照图例如图 2-49 所示。

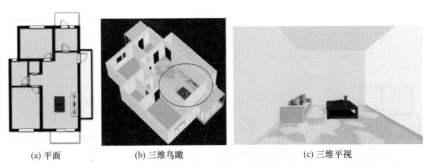

(a) 平面　　　　　　　(b) 三维鸟瞰　　　　　　　(c) 三维平视

图 2-49　茶几在平面图中的表示与空间对照图例

2.4.4 电视柜

常见的电视柜图例如图 2-50 所示。

| 卡伊莲美式乡村蓝 色电视柜 | 电视柜 | 新中式电视柜 | 电视柜 | 电视柜 | 电视柜 | 现代电视柜 | 电视柜 | 电视柜 |

图 2-50　常见的电视柜图例

电视柜在平面图中的表示与空间对照图例如图 2-51 所示。

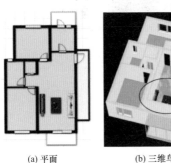

(a) 平面　　　　　　　(b) 三维鸟瞰　　　　　　　(c) 三维平视

图 2-51　电视柜在平面图中的表示与空间对照图例

2.4.5 吊灯

常见的吊灯图例如图 2-52 所示。

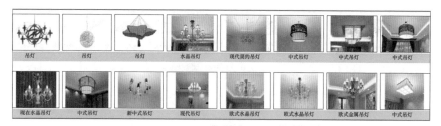

图 2-52 常见的吊灯图例

吊灯在平面图中的表示与空间对照图例如图 2-53 所示。

图 2-53 吊灯在平面图中的表示与空间对照图例

2.4.6 壁灯

常见的壁灯图例如图 2-54 所示。

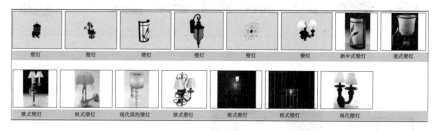

图 2-54 常见的壁灯图例

壁灯的应用与没有应用时的效果对比图例如图 2-55 所示。

2.4.7 吸顶灯

常见的吸顶灯图例如图 2-56 所示。

吸顶灯在平面图中的表示与空间对照图例如图 2-57 所示。

2.4.8 落地灯

常见的落地灯图例如图 2-58 所示。

图 2-55 壁灯的应用与没有应用时的效果对比图例

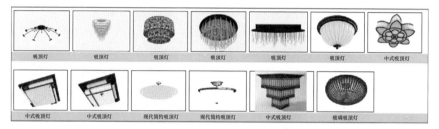

图 2-56 常见的吸顶灯图例

图 2-57 吸顶灯在平面图中的表示与空间对照图例

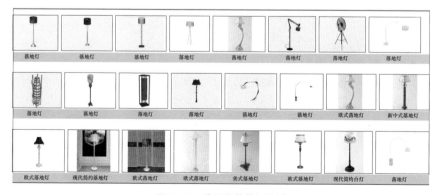

图 2-58 常见的落地灯图例

落地灯空间应用图例如图 2-59 所示。

图 2-59　落地灯空间应用图例

2.4.9　台灯

常见的台灯图例如图 2-60 所示。

图 2-60　常见的台灯图例

2.4.10　筒灯

常见的筒灯图例如图 2-61 所示。

图 2-61　常见的筒灯图例

2.4.11　陈列品立面图

陈列品立面图图例如图 2-62 所示。

图 2-62　陈列品立面图图例（一）

图 2-62　陈列品立面图图例（二）

2.4.12　微波炉立面图

微波炉立面图图例如图 2-63 所示。

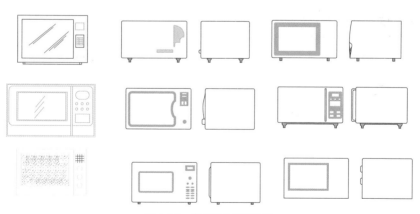

图 2-63　微波炉立面图图例

2.4.13　洗衣机立面图

洗衣机立面图图例如图 2-64 所示。

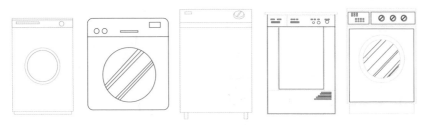

图 2-64　洗衣机立面图图例

2.4.14　洗衣机平面图

洗衣机平面图图例如图 2-65 所示。

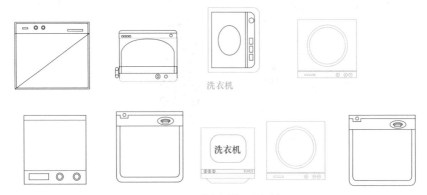

图 2-65　洗衣机平面图图例

2.4.15　饮水机立面图与平面图

饮水机立面图图例如图 2-66 所示。

图 2-66　饮水机立面图图例

饮水机平面图图例如图 2-67 所示。

图 2-67　饮水机平面图图例

2.4.16　电冰箱立面图

电冰箱立面图图例如图 2-68 所示。

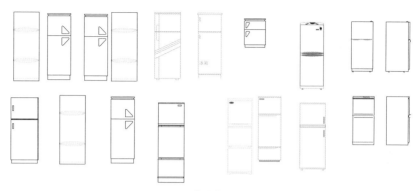

图 2-68　电冰箱立面图图例

2.4.17　油烟机立面图

油烟机立面图图例如图 2-69 所示。

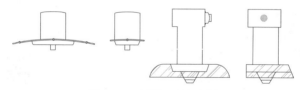

图 2-69　油烟机立面图图例

2.4.18　脸盆平面图

脸盆平面图图例如图 2-70 所示。

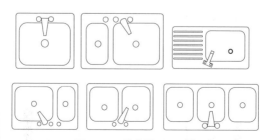

图 2-70　脸盆平面图图例

2.4.19　灶台平面图

灶台平面图图例如图 2-71 所示。

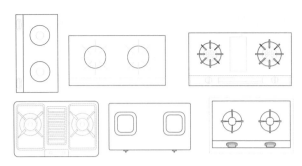

图 2-71 灶台平面图图例

▶ 2.5 ▌家居建材

2.5.1 墙纸

常见的墙纸图例如图 2-72 所示。

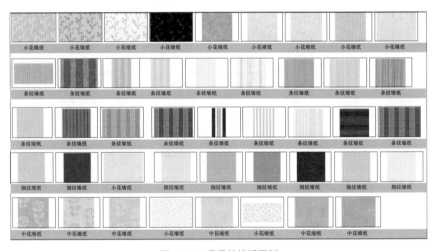

图 2-72 常见的墙纸图例

墙纸的应用与没有应用时的效果对比图例如图 2-73 所示。

图 2-73 墙纸的应用与没有应用时的效果对比图例

2.5.2　地板

常见的地板图例如图 2-74 所示。

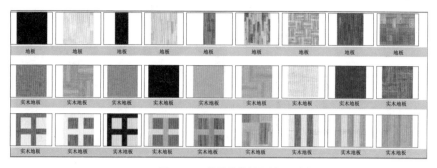

图 2-74　常见的地板图例

地板在平面图中的表示与空间对照图例如图 2-75 所示。

(a) 平面　　　　　　(b) 三维鸟瞰　　　　　　(c) 三维平视

图 2-75　地板在平面图中的表示与空间对照图例

2.5.3　墙砖

常见的墙砖图例如图 2-76 所示。

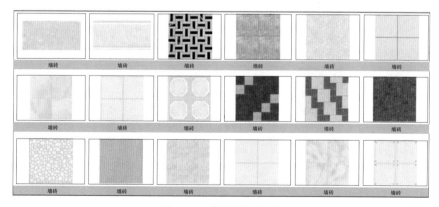

图 2-76　常见的墙砖图例

墙砖在平面图中的表示与空间对照图例如图 2-77 所示。

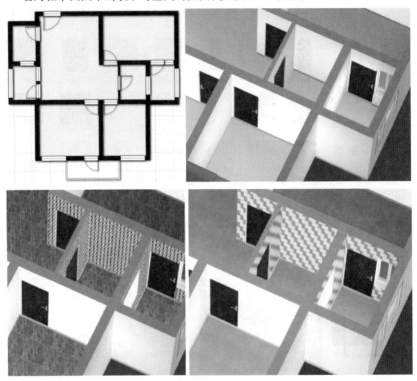

图 2-77 墙砖在平面图中的表示与空间对照图例

2.5.4 地砖

常见的地砖图例如图 2-78 所示。

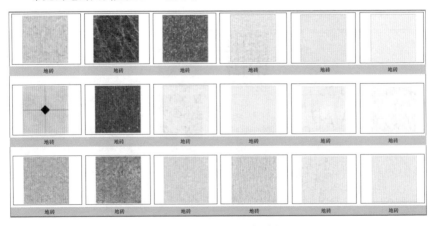

图 2-78 常见的地砖图例

地砖在平面图中的表示与空间对照图例如图 2-79 所示。

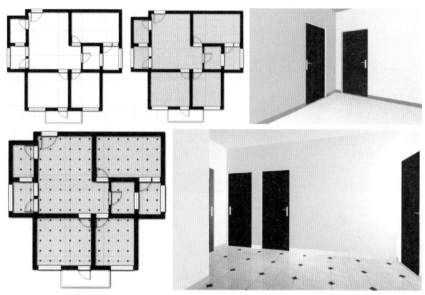

图 2-79 地砖在平面图中的表示与空间对照图例

2.5.5 马赛克

常见的马赛克图例如图 2-80 所示。

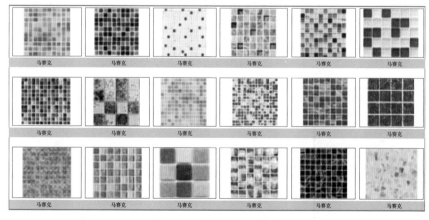

图 2-80 常见的马赛克图例

马赛克应用图例如图 2-81 所示。

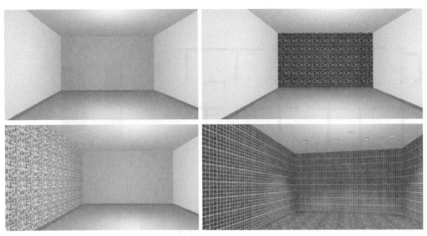

图 2-81 马赛克应用图例

2.5.6 地毯

常见的地毯图例如图 2-82 所示。

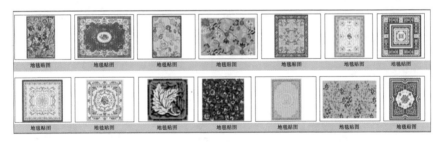

图 2-82 常见的地毯图例

地毯在平面图中的表示与空间对照图例如图 2-83 所示。

图 2-83 地毯在平面图中的表示与空间对照图例

▶ 2.6 识读图样目录与设计说明

看装饰装修图样目录与设计说明是识图装饰装修的第 1 步。

图样目录

序号	图样编号	图样名称	版本
1	A-000	总平面图	A
2	A-001	图样目录	A
3	A-002	图样目录	A
4	A-003	材料目录	A
5	A-004	图例说明	A
6	P-A-001	首层原始平面图	A
7	P-A-002	首层平面布置图	B
8	P-A-003	首层立面标示图	A
9	P-A-004	首层平面开线图	A
10	P-A-005	首层地面铺设图	A
11	P-A-006	首层天花平面图	A

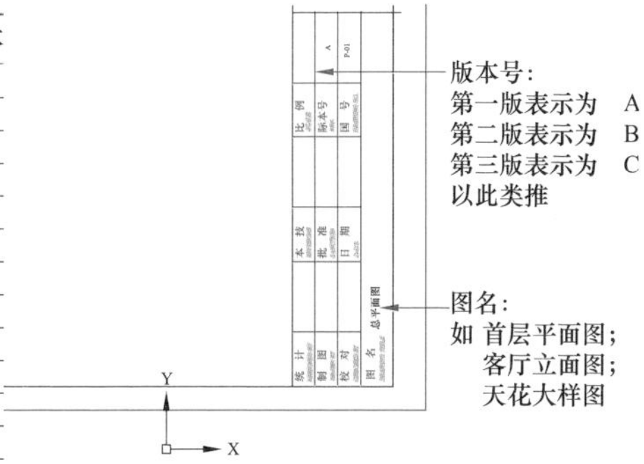

版本号:
第一版表示为 A
第二版表示为 B
第三版表示为 C
以此类推

图名:
如 首层平面图;
客厅立面图;
天花大样图

识读装饰装修图样目录与设计说明,可以了解装饰装修图样内容、工程名称、项目内容、设计依据、设计日期、图样数量、工程概况、设计依据、图中未能表达清楚的各有关事项。例如供电电源的来源、供电方式、电压等级、线路敷设方式、防雷接地、设备安装高度、安装方式、工程主要技术数据、施工注意事项等,并且可以根据图样目录查找相应的图样。

图样目录

图号	图样名称
001	平面布置图
002	天花布置图
003	客厅及餐厅 A、C 立面图
004	客厅及餐厅 B、D 立面图
005	主卧 E、F、G、H 立面图
006	书房 I、J 立面图 小孩房 K、L 立面图
007	主卫 M、N、P、Q 立面图
008	客房 R、S 立面图 公卫 T、U 立面图
009	厨房 V、W、Y 立面图

▶ 2.7 识读设备材料表

看装饰装修设备材料表,可以了解装饰装修工程中所使用的设备、材料的型号、规格、数量。如果没有设备材料表，也可以根据材料填充图例来判断、了解所使用的材料。

材料填充图例

序号	名称	图例	备注	序号	名称	图例
	剖面填充图案				剖面填充图案	
1	夯实素土			5	混凝土柱	
2	砂、灰土、砂浆			6	砖柱	
3	混凝土		指承重体	7	多孔材料	
4	钢筋混凝土（砼）		指承重体	8	纤维材料	

2.8 识读电气系统图

识读装饰装修电气系统图，可以了解装饰装修电气系统基本组成，主要有电气设备、元件间的连接关系，以及电气设备和电气元件的规格、型号、参数、组成概况等信息。

2.9 识读电气平面布置图

识读装饰装修电气平面布置图，可以了解电气设备的规格、型号、数量、线路的起始点、敷设部位、敷设方式、导线根数等。

识读装饰装修电气平面图，可以按照以下顺序来进行：电源进线总配电箱→干线→支线→分配电箱→电气设备。

2.10 识读立面图

识读装饰装修立面图，应能够把相应装饰装修平面图的信息对应在装饰装修立面图图上，装饰装修立面图图上的信息对应在相应的装饰装修平面图上，见图 2-84。

识读装饰装修立面图，如果结合相应装饰装修效果图，则了解需要的信息会更清晰，见图 2-85。

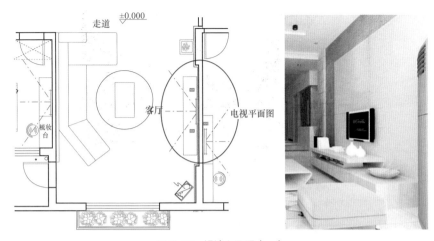

图 2-84　识读立面图（一）

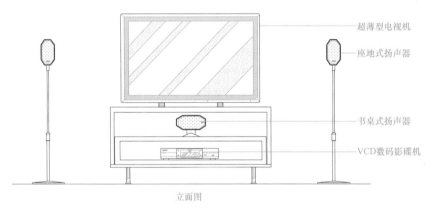

立面图

图 2-85　识读立面图（二）

2.11　识读装饰装修安装大样图与效果图

　　识读装饰装修电气安装大样图，可以了解装饰装修电气设备的具体安装方法、安装部件的具体尺寸等信息。

　　家装装饰装修效果图就是在家庭、装饰施工前，通过施工图样，把施工后的实际效果用真实与直观的视图表现出来。家装装饰装修效果图泛指家庭装饰工程制作的效果表现图。家装装饰装修效果图是不能够体现隐蔽工程的阶段或者过程，但是，可以体现其最后的要求与效果，见图 2-86。

图 2-86　装饰装修效果图

2.12　装饰装修 CAD 图常见的图

识读装饰装修 CAD 平面图时，不仅要看单个平面图，还要结合其他平面图或者说明来读图。

从图 2-87 所示平面图可以了解各功能间的布局与功能间里主要设备的分布情况。这些功能间里主要设备的分布情况对于电气设备的摆放与插座、灯具的安装等起到必要的决定作用。例如起居室，面对图的北面的墙壁中间是放电视机的位置，后面是放沙发。注意沙发的类型与布局，同时考虑地面是采用复合木地板。

从图 2-88 所示平面图可以了解各功能间的灯具种类与位置，插座种类与位置，电器种类与位置。因图 2-88 没有标注出哪个是主卧室、书房等功能间，因此，可以根据图 2-87 对应的信息来综合掌握。

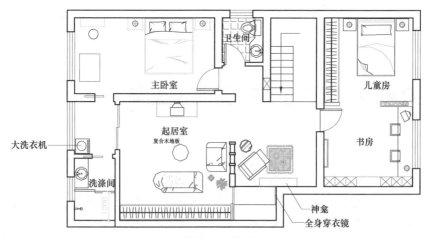

图 2-87　识读 CAD 平面图（一）

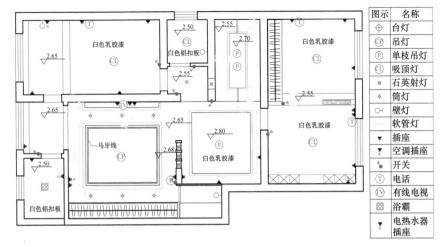

图示	名称
⊕	台灯
⊕	吊灯
Ⓟ	单枝吊灯
⊕	吸顶灯
⊠	石英射灯
✧	筒灯
⊶	壁灯
—	软管灯
▼	插座
▼	空调插座
🔧	开关
Ⓣ	电话
Ⓣⓥ	有线电视
⊠	浴霸
▼R	电热水器插座

图 2-88　识读 CAD 平面图（二）

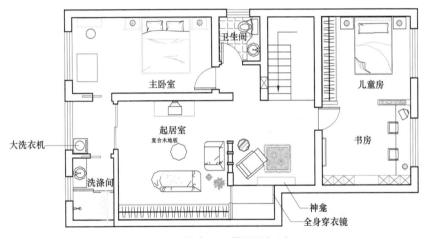

图 2-89　识读 CAD 平面图（三）

例如起居室，根据图 2-87 找到对应的起居室的平面位置。根据平面图 2 可以知道起居室放电视机的位置需要安排 3 个插座，以及有线电视插座。左侧墙壁安排 2 个插座，其中一个是空调插座。右侧有一个电话插座与开关。这些插座与开关的定位就是根据图 2-88 来确定。

另外，起居室的灯具情况为：顶部前面与后面分别有 3 盏筒灯。右侧有 3 盏石英射灯。起居室顶部中间为吊灯。

识读装饰装修 CAD 立面图时，不仅要看单个立面图，还要结合其他平面图或者说明来读图。

从图 2-89 所示平面图可以了解各功能间的布局与功能间里主要设备的分布情况。这些功能间里主要设备的分布情况对于电气设备的摆放与插座、灯具的安装等起到必要的决定作用。

例如：儿童房，面对图的北面的墙壁中间是放床铺与头柜的位置。

从图 2-90 所示平面图可以了解儿童房的灯具种类与位置，开关、插座种类与位置，电器种类与位置：儿童房面对图的北面的墙壁有设有电话插座，床铺两边设有插座。右墙壁设有插座。顶部为吸顶灯，进门处设有开关。这些均是具体定位的点。

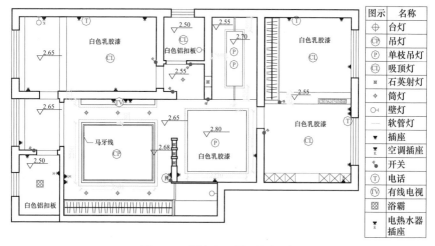

图 2-90　识读 CAD 平面图（四）

▶ 2.13 ▮ 安全防范图

通过识读安全防范图，可以了解各种符号、字母代号、尺寸数字、文字说明等信息。

识读安全防范图时，需要注意以下几点：

（1）识读符号一般是从左到右来读。

（2）实线、点画线、虚线等各种线条一般用粗、中粗、细三种来区分，折断线、波浪线一般是用细线来表示的。

（3）识读安全防范图时，需要防范系统的总平面图与局部平面图、立面图等图。

（4）拐角变化复杂的情况是用细线标注轴线编号的。

（5）引进电源线路在平面进线口附近注明了项别、电压等级、导线规格型号、根数、保护管类别、管径、安装高度等信息。

（6）各类管型的标注与含义如下：

1）金属管——G。

2）硬质塑料管——VG。

3）半硬塑料管——SG。

4）软塑料管——RG。

5）PVP 波纹管——BG。

安全防范图，常用的图纸幅面见表 2-7 的规定。

表 2-7　　　　　　　　　　　　设计图纸幅面　　　　　　　　　　　（mm）

基本幅面代号	0	1	2	3	4
b×L	841×1189	594×841	420×594	297×420	210×297
c		10		5	
d			25		

2.14　看图要点

（1）看清图样的比例。

（2）看清图样的尺寸。

（3）看清材料的选择。

（4）看清制作工艺。

（5）读懂设计说明。

（6）消除易读出错的地方。

（7）搞清不好理解的地方。

装饰装修水电识图所需了解的信息见表 2-8。

表 2-8　　　　　　　　　装饰装修水电识图所需了解的信息

名称	解　说
配电系统图	通过识读配电图，可以了解各种电源插座的位置、插座数量。 插座位置需要根据实际使用的方便性设置，还需综合考虑门窗、家具的位置，不能让插座被门窗遮蔽，影响正常使用。另外，家中插座除了根据电器的数量和种类来设置外，一般还要适当地留出富余量
装饰装修改建平面图	通过识读装饰装修改建平面图，可以了解根据设计方案将需要改动的结构。需要改动的结构比较常见的表示方法是在图样上用虚线表示需要拆除的墙体，用深色的线表示改建的墙体
强弱电布置图	通过识读强弱电布置图，可以了解室内部所有强电和弱电的布置情况、房间里所有开关的位置、每个开关所控制的电器、灯源等信息
给水走向图	通过识读给水走向图，可以了解厨房/卫生间等处的给排水线路的布置图、给水管道的管径尺寸、取水位置/高度、管线排布系统等信息

第 3 章

装饰装修电气识图

3.1 电气图的类型与特征

建筑电气工程主要包括供电工程、外线工程、变配电工程、室内配线工程、照明工程、防雷工程、接地工程、弱电工程等。其中，家庭装饰装修电气图一般包括室内配线工程图、室内照明工程图、室内弱电工程图。

电气图类型见表 3-1。

表 3-1 电气图类型

类型	解 说
系统图	概略地表达一个项目的全面特性的简图，又称概略图
简图	主要是通过以图形符号表示项目及它们之间关系的图示形式来表达信息
电路图	表达项目电路组成和物理连接信息的简图
接线图（表）	表达项目组件或单元之间物理连接信息的简图（表）
电气平面图	采用图形和文字符号将电气设备及电气设备之间电气通路的连接线缆、路由、敷设方式等信息绘制在一个以建筑专业平面图为基础的图内，并表达其相对或绝对位置信息的图样
电气详图	一般指用 1：20～1：50 比例绘制出的详细电气平面图或局部电气平面图
电气大样图	一般指用 1：20～10：1 比例绘制出的电气设备或电气设备及其连接线缆等与周边建筑构、配件联系的详细图样，清楚地表达细部形状、尺寸、材料和做法
电气总平面图	采用图形和文字符号将电气设备及电气设备之间电气通路的连接线缆、路由、敷设方式、电力电缆井、人（手）孔等信息绘制在一个以总平面图为基础的图内，并表达其相对或绝对位置信息的图样

室内电气施工图的作用、组成、特点、表示方法及看图顺序见表 3-2。

表 3-2 室内电气施工图的作用、组成、特点、表示方法及看图顺序

项目	解 说
作用	室内电气施工图说明电气工程的构成、功能，描述电气工程的工作原理、提供安装技术数据与要求、使用维护的依据
组成	室内电气施工图一般由设计说明、电气系统图、电气平面图、设备布置图、安装接线图、电气原理图、详图等
特点	室内电气施工图各种装置或设备中的元部件都不按比例绘制其外形尺寸，而是用图形符号来表示的，以及用文字符号、安装代号来说明电气装置、线路的安装位置、相互关系、敷设方法等信息
表示方法	室内配电线路的表示方法： （1）电气照明线路在平面图，一般采用线条、文字标注相结合的方法，表示导线的型号、根数、规格、线路的走向、用途、编号、线路的敷设方式、敷设部位。 （2）导线根数的表示方法： 1）走向相同，无论导线的根数多少，均可以用一根图线表示一束导线，以及在图线上打上短斜线表示根数。当然也可以画一根短斜，在旁边标注数字表示根数，但是，所标注的数字不小于 3

续表

项目	解　说
表示方法	2）对于 2 根导线，可以用一条图线表示，不必标注根数。 （3）灯具在平面图中一般采用图形符号来表示，可以在图形符号旁标注文字，说明灯具的名称、功能
	电力及照明设备在平面图中一般采用图形符号来表示，以及在图形符号旁标注文字，说明设备的名称、规格、数量、安装方式、离开高度等信息
看图顺序	室内照明线路的看图顺序，一般为设计说明→系统图→平面图→接线图→原理图等

3.2　识图看图概述

　　识图看图时，一般需要几个图综合看。看图的目的就是了解装修的意图与效果。特别是最终的效果对于家装电工来说很重要，只有明白最终的装修效果，才能够掌握水电的定位，线路的走向，也就是可以明白那些地方有水电施工。如果没有施工图，则需要自己草拟布线图以及理清有关设想。

平面图

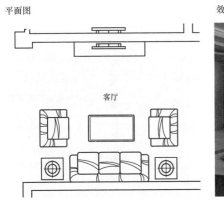

客厅

效果图

　　建筑施工图主要表达建筑物的外部形状、内部布置、装饰构造、施工要求等情况。
　　结构施工图主要表达承重结构的构件类型、布置情况、构造作法等情况。
　　设备施工图主要表达房屋各专用管线、设备布置、构造等情况。
　　（1）平面布置图。了解开关、插座、电视、电话线、网络等平面的布置情况：走向、位置、联系等。
　　（2）天花布置图。了解、确定灯位置、什么样的灯、安装要求。
　　（3）家具、背景立面图。了解家具中酒柜、装饰柜、书柜安装灯具的情况（大多数为射灯）。
　　（4）橱柜图样。主要了解厨房电器的定位，例如消毒柜、微波炉、抽油烟机、电冰箱等的电源插座安排。

▶ 3.3 装饰装修电气图常用图形符号

装饰装修电气图常用图形符号见表 3-3。

表 3-3 装饰装修电气图常用图形符号

图形符号	说明	图形符号	说明	图形符号	说明
	屏、箱一般符号		保护线		暗装双控开关
	动力照明、动力配电箱		电缆穿管保护		具有指示灯的开关
	照明配电箱	F	电话线路		三极开关
	事故照明配电箱	V	电缆电视线路		多线表示的三极开关
	壁龛交接箱	⊗	灯的一般符号		动合（常开）触点
	壁龛分线箱	○	圆柱形灯		动断（常闭）触点
	自动开关箱	●	球形灯		延时断开的动合触点
	刀开关箱		壁灯	E-	按钮开关（不闭锁）
	熔断器刀开关箱	⊗	花灯		单相插座的一般符号
	信号箱	⊛	防水灯		暗装单相插座
⊥ ⊕	接地、保护接地		安全灯		暗装带接地孔的单相插座
	按地装置	○	广照型灯		带接地孔的三相插座
	导线交叉连接	○	弯灯		暗装带接电孔的三相插座
	导线交叉不连接		天棚灯		多个插座（示出三个）
	导线、母线、电缆一般符号		矿山灯		具有护板的插座
	三根导线		荧光灯（单管）		具有单极开关的插座
	n 根导线		示出引线照明灯位		电信插座的一般符号 TP 电话、TV 电视
	地下线路		墙上照明灯位	⊙	接线盒
	架空线路		开关一般符号	LDK	漏电保护开关
	管道线路		暗装单极开关		向上配线
	事故照明线路		暗装双极开关		向下配线
	50V 及以下电力照明线路		暗装三极开关		垂直通过配线
	控制及信号线路		暗装单极拉线开关		电能表
	中性线		暗装单极延时开关		

3.4 装饰装修弱电系统常用图形符号

装饰装修弱电系统常用图形符号见表 3-4。

表 3-4　　　　　　　　　装饰装修弱电系统常用图形符号

分类	名称	图形符号	名称	图形符号	名称	图形符号
综合布线部分	电话插座		光纤端接箱	OTU	光接收机	
	电话分线箱		天线		光电转换器	O E
	电话过路箱		适配器	ADP	电光转换器	E O
	电缆交接间		电话		光发送机	
	主配线架 1		程控交换机	PBX	光纤连接盒	LIU
	分配线架 2		网络交换机	SWH	向上配线	
	信息插座 3		路由器	RUT	向下配线	
	交叉连线		调制解调器	MD	由下引来	
	接插线		集线器	HUB	由上引来	
	直接连线		多路复用器	MUX	垂直通过配线	
	机械端接		微机		由上向下引	
	转接点		服务器		由下向上引	
	电缆		小型计算机		打印机	
	光缆					
安防部分	被动红外入侵探测器	IR	解码器	DEC	电视摄像机	
	微波入侵探测器	M	视频顺序切换器（x 输入，y 输出）	SV	楼宇对讲电控防盗门主机	
	电控锁	EL	视频分配器（x 输入，y 输出）	VD	玻璃破碎探测器	B

分类	名称	图形符号	名称	图形符号	名称	图形符号
安防部分	被动红外 / 微波技术探测器		保安巡逻打卡器		读卡器	
	门磁开关		可视对讲机		压力垫开关	
	紧急按钮开关		图像分割器（×代表画面数）		压敏探测器	
	带云台电视摄像机		电视监视器		对讲电话分机	
	紧急脚挑开关		彩色电视监视器			
电缆电视部分	带矩形波导馈线的抛物面天线		无本地天线的前端（示出一路干线输入，一路干线输出）		变频器，频率由 f_1 变成 f_2	
	天线一般符号		具有反向通路放大器		固定衰减器	
	放大器、中继器一般符号，三角指向为传输方向		定向耦合器		可变衰减器	
	均衡器		高通滤波器		调制器、解调器一般符号	
	解调器		低通滤波器		调制解调器	
	调制器		带通滤波器		匹配终端	
	用户分支器四路分支		供电阻断器（示出在一条分配馈线上）		具有反向通路并带有自动增益和（或）自动斜率控制放大器	
	带本地天线的前端（示出一路天线）注：支线可在带本地天线的前端（示出一路天线）；支线可在圆上任意点画出		可变均衡器		桥楼放大器（示出三路支线或分支线输出）	

续表

分类	名称	图形符号	名称	图形符号	名称	图形符号
电缆电视部分	干线桥接放大器（示出三路支线输出）		用户分支器两路分支		混合器（示出5路输入）	
	有源混合器（示出5路输入）		分配器，两路		分路器（示出5路输入）	
	陷波器	N	分配器，三路		带阻滤波器	
	线路供电器（示出交流型）	~	分配器，四路		正弦信号发生器 注：*可用具体频率值代替	G *
	高频避雷器		带自动增益和（或）自动斜率控制的放大器		电源插入器	
	混合网络		线路末端放大器（示出两路支线输入）			
	用户分支器一路分支		干线分配放大器（示出两路干线输出）			
广播音响部分	扬声器		传声器		扬声器，音箱、声柱	
	高音号筒式扬声器		光盘播放机		磁带录音机	
	调谐器、无线接收机		放大器		电平控制器	
消防系统部分	缆式线型定温探测器	CT	复合式感光感烟火灾探测器		防烟放火阀（24V控制，70℃熔断关闭）	
	感烟探测器		消火栓起泵按钮		增压送风口	
	感光火灾探测器		带监视信号的检修阀		火灾电话插孔（对讲电话插孔）	
	报警发声器		防火阀（280℃熔断关闭）		手动火灾报警按钮	
	火灾警报扬声器		排烟口	SE	压力开关	P

续表

分类	名称	图形符号	名称	图形符号	名称	图形符号
消防系统部分	应急疏散指示标志灯	EEL	带手动报警按钮的火灾电话插孔		放火阀（70℃熔断关闭）	
	应急疏散照明灯	EL	火灾光警报器		防烟防火阀（24V控制，280℃熔断关闭）	
	感温探测器		消防联动控制装置	IC	火警报警电话机（对讲电话机）	
	感烟探测器（非地址码型）	N	应急疏散指示标志灯（向右）	EEL →	火警电铃	
	气体火灾探测器（点式）		消火栓		火灾声光警报器	
	复合式感光感温火灾探测器		感温探测器（非地址码型）	N	自动消防设备控制装置	AFE
	水流指示器		感烟探测器（防爆型）	EX	应急疏散指示标志灯（向左）	← EEL
	报警阀		复合式感烟感温火灾探测器			

▶ 3.5 常见电气文字代号与其含义

常见电气文字代号与其含义见表3-5。

表 3-5　　　　　　　　　常见电气文字代号与其含义

代号	含义
A	暗敷
AB	沿或跨梁（屋架）敷设
AC	吊顶内导线敷设
AC	沿或跨柱敷设
ACC	线路暗敷设在不能进入的顶棚内
ACE	导线在能进入的吊顶在敷设
ARC	电弧灯
B	壁装式照明灯具安装
B	绝缘导线、平行

代号	含义
B /IN（拼音代号 / 英文代号）	白炽灯
B/W（拼音代号 / 英文代号）	壁吊式安装
BC	暗敷在梁内导线敷设
BE	导线沿屋架或跨屋架敷设
BLV	铝芯塑料绝缘线
BLVV	铝芯塑料绝缘护套线
BLX	铝芯橡皮绝缘线
BR	墙壁内照明灯具安装
BR/WR（拼音代号 / 英文代号）	嵌入式 安装
BV	散线
BV	铜芯塑料绝缘线
BV（BLV）	聚氯乙烯绝缘铜（铝）芯线
BVR	聚氯乙烯绝缘铜（铝）芯软线
BVV	铜芯塑料绝缘护套线
BVV（BLVV）	铜（铝）芯聚氯乙烯绝缘和护套线
BX	铜芯橡皮绝缘线
BX（BLX）	橡胶绝缘铜（铝）芯线
BXF（BLXF）	氯丁橡胶绝缘铜（铝）芯线
BXR	铜芯橡胶软线
C	吸顶灯具安装
CC	线路暗敷设在顶棚内
CL	柱上灯具安装
CL	柱上灯具安装
CLC	导线暗敷设在柱子内
CLE	沿柱或跨柱导线敷设
CLE	线路沿柱或跨柱敷设
CP	金属软管导线穿管
CS	链吊灯具安装
CT	电缆桥架配线
D	吸顶式照明灯具安装
D/C（拼音代号 / 英文代号）	吸顶式安装
DA	暗设在地面或地板内

续表

代号	含义
DB	导线直埋
DGL	用电工钢管敷设
DR/CR（拼音代号 / 英文代号）	吸顶嵌入式安装
DS	管吊灯具安装
F	防水、防尘灯
F	地板及地坪下 导线敷设
FC	导线预埋在地面内
FPC	穿阻燃半硬聚氯乙烯管敷设
G	管吊式照明灯具安装
G	工厂灯
G/Hg（拼音代号 / 英文代号）	汞灯
G/P（拼音代号 / 英文代号）	管吊式 安装
GXG	用金属线槽敷设
H	花灯
IR	红外线灯
K	瓷瓶配线
KPC	穿聚氯乙烯塑料波纹电线管敷设
KRG	用可挠型塑制管敷设
KV	千伏（电压）
L	链吊式照明灯具安装
L	铝芯导线
L	卤钨探照灯
L/CH（拼音代号 / 英文代号）	链吊式安装
L/IN（拼音代号 / 英文代号）	卤（碘）钨灯
LA	暗设在梁内
LEB	局部等电位
LM	沿屋架或屋架下弦敷设
LMY	铝母线
M	明敷
M	钢索导线穿管
MEB	总等电位
MR	金属线槽导线穿管

续表

代号	含义
MT	电线管导线穿管
N/Na（拼音代号 / 英文代号）	钠灯
Ne	氖灯
P	顶棚线路敷设部位
P	普通吊灯
PA	暗设在屋面内或顶棚内
PC	PVC 聚乙烯阻燃性塑料管
pc	硬质塑料管管路敷设
PCL	塑料夹配线
PC–PVC	塑料硬管导线穿管
PE	接地（黄绿相兼）
PEN	接零（蓝色）
PL	沿天棚敷设
PL	夹板配线
PNA	暗设在不能进入的吊顶内
PR	塑料线槽导线穿管
PVC	用阻燃塑料管敷设
Q	墙线路敷设部位
QA	暗设在墙内
QM	沿墙敷设
R	嵌入式照明灯具安装
R	软线
RC	水煤气管管路敷设
RC	镀锌钢管导线穿管
RC	导线穿管镀锌钢管
RG	软管配线
RV	铜芯聚氯乙烯绝缘软线
RVB	铜芯聚氯乙烯绝缘平行软线
RVB	平行多股软线（扁的）
RVS	铜芯聚氯乙烯绝缘绞型软线
RVS	对绞多股软线
RVV	多股软线

代号	含义
RX、RXS	铜芯、橡胶棉纱编织软线
S	双绞线
S	陶瓷伞罩灯
S	支架灯具安装
SC	钢管
SC	导线穿管焊接钢管
SC（G）	钢管配线
SCE	导线吊顶内敷设，要穿金属管
SR	导线沿钢线槽敷设
SYV	电视线
T	铜芯导线（一般不标注）
T	投光灯
TC	导线电缆沟
TMY	铜母线
UV	紫外线灯
V	聚氯乙烯绝缘
VXG	用塑制线槽敷设
W	墙壁安装灯具安装
WC	导线暗敷设在墙内
WE	导线沿墙面敷设
WE	沿墙明敷 导线敷设
WS	沿墙明敷设
X	橡胶绝缘
X/CP（拼音代号 / 英文代号）	线吊式安装
XF	氯丁橡胶绝缘
Y	聚乙烯绝缘
Y /FL（拼音代号 / 英文代号）	荧光灯
YJV	电缆
Z	柱线路敷设部位
Z	柱灯
ZA	暗设在柱内
ZM	沿柱敷设

3.6 导线的颜色

导线的颜色见表 3–6。

表 3–6   导线的颜色

导体名称	颜色标识
交流导体的第 1 线	黄色（YE）
交流导体的第 2 线	绿色（GN）
交流导体的第 3 线	红色（RD）
中性导体 N	淡蓝色（BU）
保护导体 PE	绿 / 黄双色（GNYE）
PEN 导体	全长绿 / 黄双色（GNYE），终端另用 淡蓝色（BU）标志或全长淡蓝色（BU）， 终端另用绿 / 黄双色（GNYE）标志
直流导体的正极	棕色（BN）
直流导体的负极	蓝色（BU）
直流导体的中间点导体	淡蓝色（BU）

3.7 设备标注

3.7.1 配电线路的标注

$$a\text{–}b\,(c \times d)\,e\text{–}f$$

其中：

a——回路编号；

b——导线型号；

c——导线根数；

d——导线截面；

e——敷设方式及穿管管径；

f——敷设部位。

3.7.2 导线标注

$$a\text{–}b\text{–}c \times d\text{–}e\text{–}f$$

其中：

a——线路编号；

b——导线型号；

c——导线根数；

d——导线截面；

f——敷设部位；

e——敷设管径。

【案例】N1– BV –2 × 2.5+PE2.5–DG20–QA

其中：

N1——导线的回路编号；

BV——导线为聚氯乙烯绝缘铜芯线；

2——导线的根数为 2；

2.5——导线的截面为 2.5mm^2；

PE2.5——1 根接零保护线，截面为 2.5mm^2；

DG20——穿管为直径为 20mm 的钢管；

QA——线路沿墙敷设、暗埋。

3.8 电工塑料套管

家装电线路一般是采用 PVC 塑料套管敷设，或者 PVC 塑料线槽敷设。识读图时，有的会以文字说明形式出现，有的会以标注的形式出现。

对于施工人员来说，应知道电工塑料套管、PVC 塑料线槽敷设的特点，这样，识读图时会轻松很多。

电工塑料套管图例如图 3–1 所示。

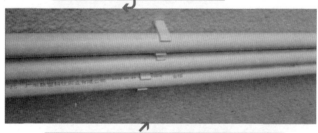

图 3–1　电工塑料套管图例

3.9 开关

3.9.1　概述

识读家装有关电施工图时，涉及开关的情况，应能够识别不同开关的表示符号，以及其对应的具体实物，并且可以掌握开关的分布情况与接线要求。如果能够识读或者掌握开关实物、开关应用、开关线路、开关安装等知识，则识读家装有关电施工图时，会轻松很多。

家装常用开关的实物图例如图 3-2 所示。

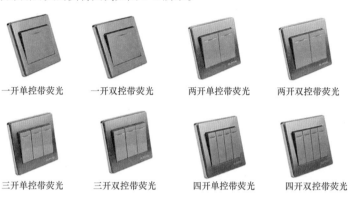

一开单控带荧光　　　一开双控带荧光　　　两开单控带荧光　　　两开双控带荧光

三开单控带荧光　　　三开双控带荧光　　　四开单控带荧光　　　四开双控带荧光

五孔插座　　　　一开单控　　　　一开双控　　　　二开双控　　　　电视插座

三开双控　　　16A空调插座　　一开五孔双控　　电脑插座　　　空白面板　　　防水盒

图 3-2　家装常用开关的实物图例

家装常见的开关的布置见表 3-7。

表 3-7　　　　　　　　　　　　　家装常见的开关的布置

单品名称	餐厅	客厅	主卧	卧室	卫生间	厨房	阳台 1	阳台 2	走道	合计
单联单控开关			1	1		1				3
单联双控开关			1							1
双联单控开关	1	1		1	1					4
双联双控开关	1	1	1							3
三联单控开关										0
三联双控开关										0

续表

单品名称	餐厅	客厅	主卧	卧室	卫生间	厨房	阳台1	阳台2	走道	合计
10A 三极插座						1				1
10A 三极插座带开关					1	1				2
10A 两位两极插座		3	4	3				1		11
10A 二、三极插座	4	8	7	6	1	5	1	2	1	35
10A 二三极插座带开关										0
16A 三极插座（带开关）		1	1	1	1					4
单联电视插座	1	1	1	1						4
单联电话插座		1		1	1				1	4
单联信息插座										0
电话+信息插座		1	1							2
合计	7	17	17	14	5	8	1	3	2	74

其中，客厅常见开关、插座如图 3-3 所示。

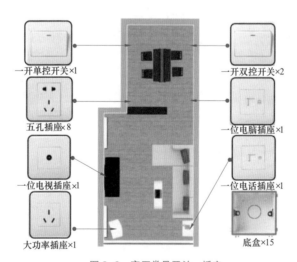

图 3-3　客厅常见开关、插座

卧室常见开关、插座如图 3-4 所示。

厨房常见开关、插座如图 3-5 所示。

卫生间常见开关、插座如图 3-6 所示。

电话插座图识读解说如图 3-7 所示。

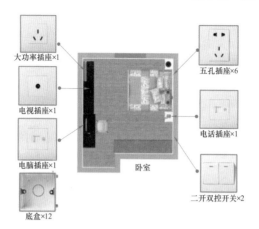

图 3-4 卧室常见开关、插座

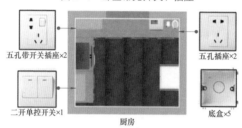

图 3-5 厨房常见开关、插座

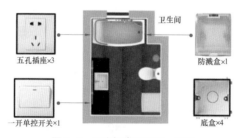

图 3-6 卫生间常见开关、插座

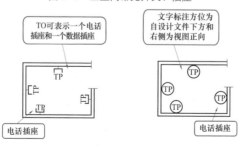

图 3-7 电话插座图识读解说

3.9.2 开关线路

开关线路如图 3-8 所示。

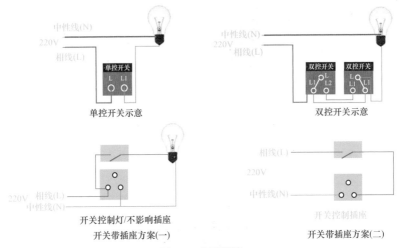

图 3-8 开关线路

▶ 3.10 ▏插座

3.10.1 概述

识读家装有关电施工图，涉及插座时，应能够识别不同插座的表示符号，以及其对应的具体实物，并且可以掌握插座的分布情况与接线要求。如果能够识读或者掌握插座实物、插座应用、插座线路、插座安装等知识，则识读家装有关电施工图时，会轻松很多。

家装常用插座的实物图例如图 3-9 所示。

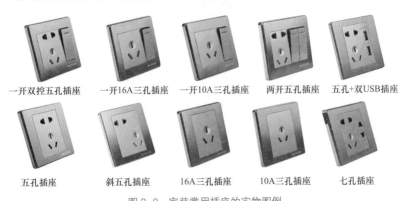

图 3-9 家装常用插座的实物图例

弱电类插座实物图例如图 3-10 所示。

图 3-10　弱电类插座实物图例

特殊类插座开关图例如图 3-11 所示。

图 3-11　特殊类插座开关图例

3.10.2 插座的安装与接线

插座的安装与接线图例如图 3-12 所示。

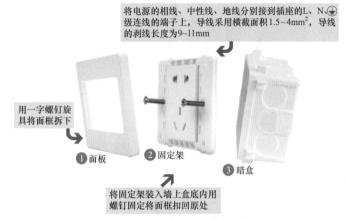

将电源的相线、中性线、地线分别接到插座的L、N、⏚级连线的端子上，导线采用横截面积 1.5~4mm², 导线的剥线长度为9~11mm

用一字螺钉旋具将面框拆下

❶面板　❷固定架　❸暗盒

将固定架装入墙上盒底内用螺钉固定将面框扣回原处

图 3-12　插座的安装与接线图例

识读家装插座有关图，主要是掌握插座的位置、分布、种类等信息，而家装插座的安装有很多的通用性，例如插座的实际高度、插座的分布等。

识读家装插座有关平面图，关键是能够把平面的信息转换成实际空间的应用。插座的实际安装与效果图例如图 3-13 所示。

实际开关位置与高度　实际插座位置与高度

实际线路与线管

插座尽量隐蔽　一般是等距离　灯带有双层

图 3-13　插座的实际安装与效果图例

3.10.3 插座布置图的识读

识读插座布置图可以掌握的信息：

（1）插座分为几个回路，各回路的功能名称。

（2）具体插座回路上的插座数量、插座种类。

（3）具体插座安装位置、尺寸。

（4）插座电线敷设方式、路径。

图例中的 N3、N4、N5、N6、N7、N8、N9 为插座支路，其中 N3、N5、N6 为普通插座，N4 为厨房插座，N7 为热水器插座，N8 为壁挂空调插座，N9 为壁挂空调插座，N10 客厅空调电源为客厅空调电源插座。

N3 为过厅、主卧室的插座供电，该回路共有 4 只插座。

N9 为主卧室壁挂空调插座供电，该回路共有 1 只插座。

N5 为客厅插座供电，该回路共有 6 只插座。

N10 为客厅空调电源为客厅空调电源插座供电，该回路共有 1 只插座。

N4 为厨房插座供电，该回路共有 8 只插座。

N6 为卫生间、儿童房插座供电，该回路共有 5 只插座。

N8 为儿童房壁挂空调插座，该回路共有 1 只插座。

注意：插座引线一般是穿管敷设。插座线一般为 3 根线。

图例中的电话、电视、网络插座回路，可以根据房间来分回路。回路的类型如下：

（1）主卧室网络插座回路、电视插座回路。

（2）客厅电视插座回路、网络插座回路。

（3）餐厅网络插座回路。

（4）儿童房网络插座回路、电视插座回路。

每个回路具有相应的插座需要走线、安装面板。图例如下：

	二、三极安全插座	250V 10A	暗装 距地 0.35m
	三极插座（抽油烟机）	250V 16A	暗装 距地 2.0m
	三极带开关插座（洗衣机）	250V 16A	暗装 距地 1.3m
	二、三极安全插座（厨房）	250V 16A	暗装 距地 1.1m
	三极带开关插座（冰箱）	250V 16A	暗装 距地 0.35m
	二、三极密闭防水插座	250V 16A	暗装 距地 1.3m
	壁挂空调三极插座	250V 16A	暗装 距地 1.80m
	三极插座（热水器）	250V 16A	暗装 距地 1.80m
	立式空调三极插座	250V 16A	暗装 距地 1.3m

　　客厅插座布置图如图 3-14 所示，识读该插座布置图，可以了解插座的具体
位置，也就是插座安装的位置尺寸。另外，也可以了解插座的数量与种类。如果
能够结合其他图样，就能够了解插座的用途、用意，则安装、布线、布管就更加
清晰。看插座布置时，可以结合插座图例来识图。

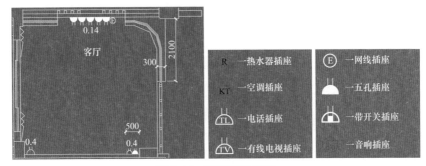

图 3-14　客厅插座布置图

　　该客厅插座布置与插座图例结合来理解图：电视机柜前面有 4 个五孔插座，
并排安装，并排安装一个有线电视插座、网线插座。另外，靠沙发墙壁一侧安装
一个五孔插座，另外一侧安装一个五孔插座与电话插座。具体位置可以根据图中
尺寸来定位。

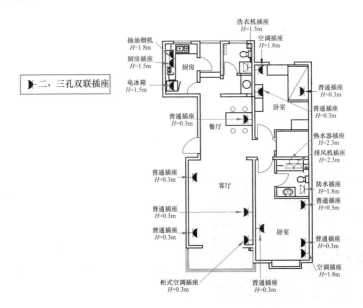

　　该图可以了解插座高度尺寸、插座位置分布情况、插座类型等信息

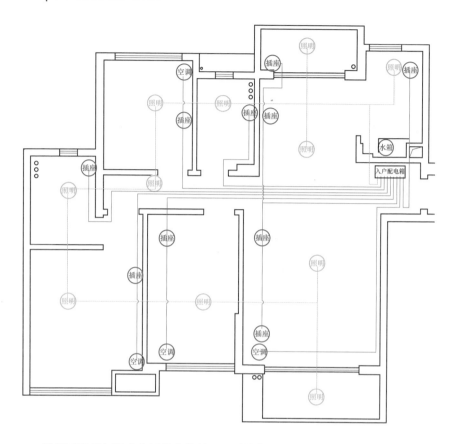

该图可以了解插座位置分布情况、照明分布情况等信息。

▶ 3.11 灯带

灯带在家装施工图中的识别与其实际应用如图 3-15 所示。

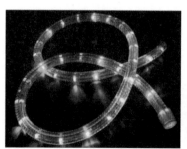

图 3-15 灯带在家装施工图中的识别与其实际应用（一）

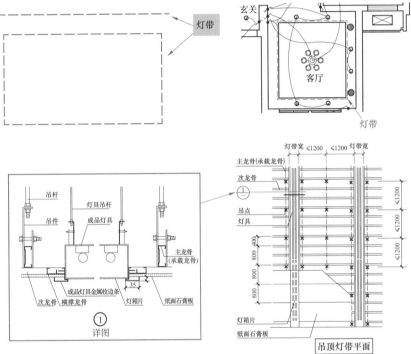

图 3-15　灯带在家装施工图中的识别与其实际应用（二）

3.12 灯具与开关的联系

开关与灯具分布图，实际上就是灯具与开关的联系分布图，识读该类分布图时，需要掌握哪盏灯与哪个开关或者哪几个开关，存在控制关系，并且能够识读出开关的种类、灯具的种类、开关的位置、灯具的位置等信息。

灯具与开关的联系图例与解说如图 3-16 所示。

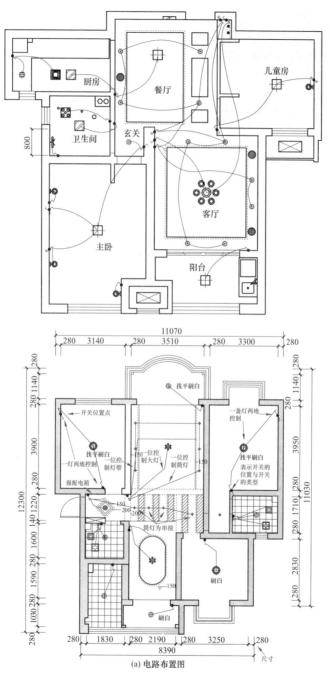

(a) 电路布置图

图 3-16 灯具与开关的联系图例与解说（一）

筒灯、灯带、大灯布线情况

(b) 实际三开关、插座并联

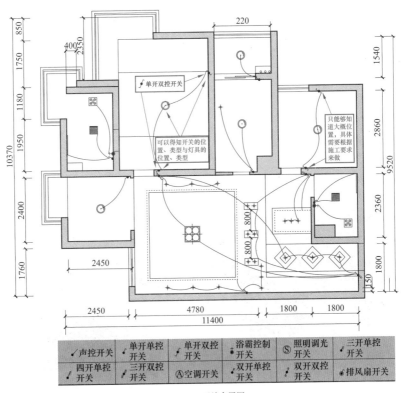

可以得知开关的位置、类型与灯具的位置、类型

单开双控开关

只能够知道大概位置，具体需要根据施工要求来做

(c) 开关布置图

声控开关	单开单控开关	单开双控开关	浴霸控制开关	照明调光开关	三开单控开关
四开单控开关	三开双控开关	Ⓐ空调开关	双开单控开关	双开双控开关	排风扇开关

图 3-16　灯具与开关的联系图例与解说（二）

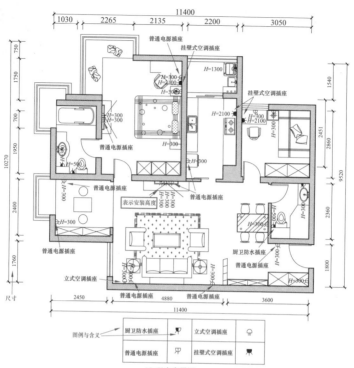

(d) 强电布置图

图 3-16　灯具与开关的联系图例与解说（三）

3.13 识读照明布置图的案例

识读照明布置可以掌握的一些信息如下：

（1）照明有几个回路。

（2）具体回路上有几盏灯。

（3）每盏灯与开关的关系与连接。

（4）具体线路上的导线根数。

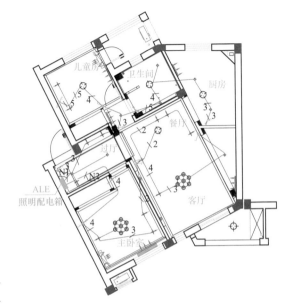

由上图例可以看出，N1、N2 为照明支路，其中 N1 支路为过厅、儿童房、卫生间、厨房照明支路，向 12 盏灯供电。

N2 支路为主卧室、餐厅、客厅照明支路。在看照明支路图时，注意导线上的短斜线表示该导线的根数，如 2 根短斜线表示该导线的根数为 2。有的采用一短斜线与数字表示，则需要注意数字，该数字就表示导线的根数，例如一根短斜线边有 4，则表示该导线的根数为 4 根。

图例如下：

✦	单联单控跷板开关	250V 10A	暗装 距地	1.3m
✦	双联单控跷板开关	250V 10A	暗装 距地	1.3m
✦	三联单控跷板开关	250V 10A	暗装 距地	1.3m
✦	单联双控跷板开关	250V 10A	暗装 距地	1.3m
✦	双联双控跷板开关	250V 10A	暗装 距地	1.3m
TP	语音插座		暗装 距地	1.35m
TD	数据插座		暗装 距地	1.35m
TV	电视插座		暗装 距地	1.35m
▬	家庭配电箱		暗装 距地	1.5m
◀▶	家庭多媒体箱		暗装 距地	1.5m

3.14 图样上的表述与实际情况的差异

识读装饰装修电气图时，要注意图样上的表述是示意，并不一定是线路等的实际路径的真实表现。例如图样画得横平竖直的图例，根据实际情况可以调整横平竖直的路径，如图3-17所示。

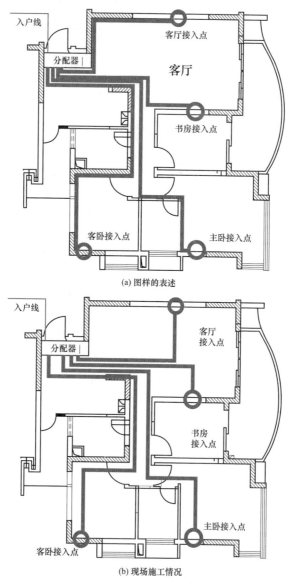

图3-17 实际虽然横平竖直，但是考虑现场施工情况进行调整

3.15　空调的平面表示与三维空间体现

空调的平面表示与三维空间体现如图 3-18 所示。

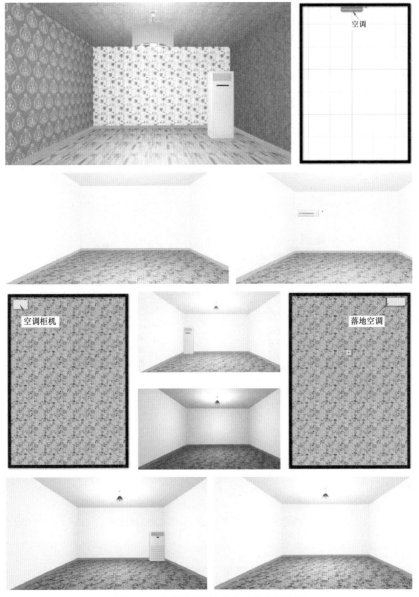

图 3-18　空调的平面表示与三维空间体现

3.16 电视机的平面表示与三维空间体现

电视机的平面表示与三维空间体现如图 3-19 所示。

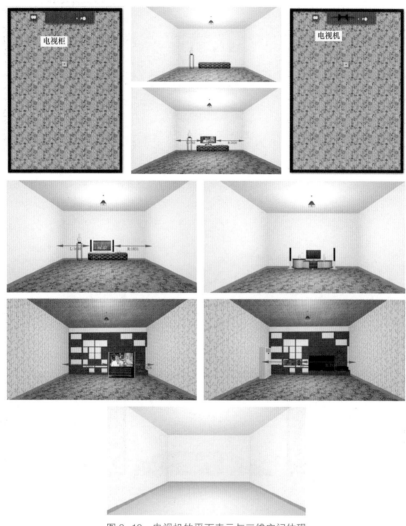

图 3-19　电视机的平面表示与三维空间体现

3.17 电视背景墙的平面表示与三维空间体现

电视背景墙的平面表示与三维空间体现如图 3-20 所示。

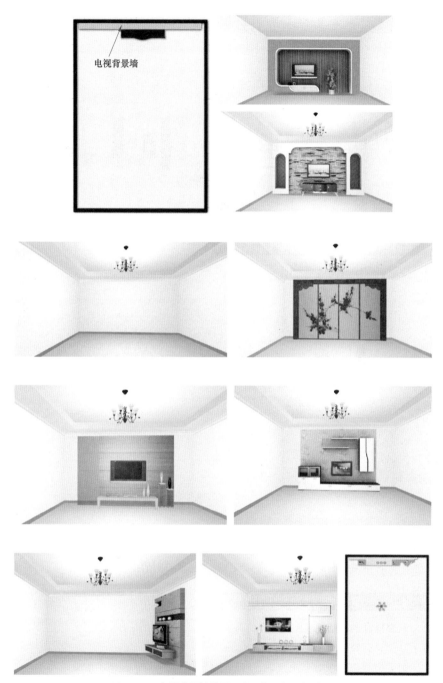

电视背景墙

图 3-20　电视背景墙的平面表示与三维空间体现

3.18 电冰箱三维空间体现

电冰箱三维空间体现如图 3-21 所示。

图 3-21 电冰箱三维空间体现

3.19 洗衣机三维空间体现

洗衣机三维空间体现如图 3-22 所示。

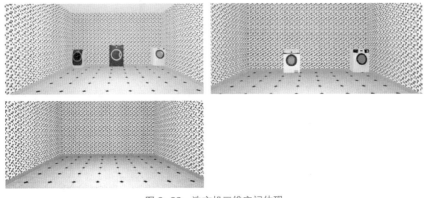

图 3-22 洗衣机三维空间体现

3.20 床头背景墙的平面表示与三维空间体现

床头背景墙的平面表示与三维空间体现如图 3-23 所示。

3.21 电视机背景墙壁电气图

电视机背景墙壁电气图类型多,有简单的,有复杂的;有平面图,有立面图;有示意图,有效果图。

识读电视机背景墙壁电气图,应明确最后的效果,掌握施工的要求与插座、线路、尺寸等特点,能够看懂平面图、立面图,并且能够转换成空间情况。

图 3-23 床头背景墙的平面表示与三维空间体现

电视机背景墙壁电气图图例与解说如图 3-24 所示。

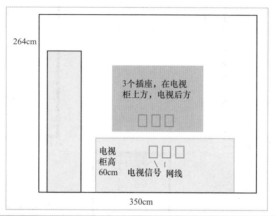

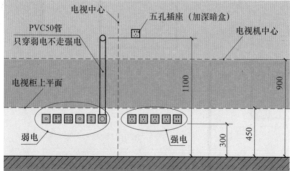

图 3-24　电视机背景墙壁电气图图例与解说（一）

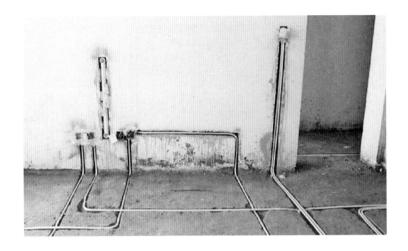

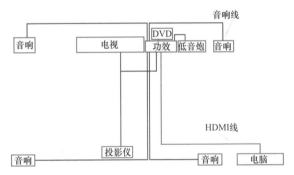

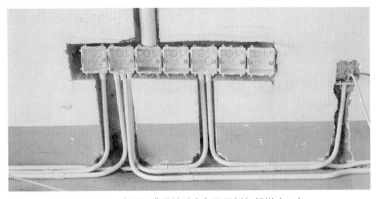

图 3-24　电视机背景墙壁电气图图例与解说（二）

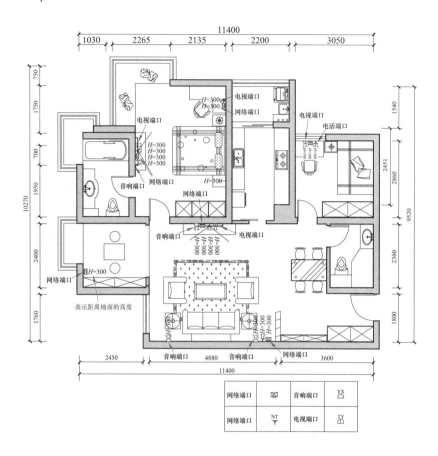

| 网络端口 | 🖳 | 音响端口 | YX |
| 网络端口 | NT
▽ | 电视端口 | TV |

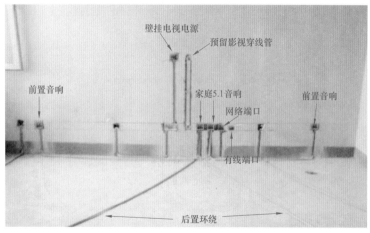

图 3-24 电视机背景墙壁电气图图例与解说（三）

3.22　厨房电气图识读

厨房电气图类型多，有简单的，有复杂的；有平面图，有立面图；有示意图，有效果图。

识读厨房电气图，应明确最后的效果，掌握施工的要求与插座、线路、尺寸等特点，能够看懂平面图、立面图，并且能够转换成空间情况。

厨房电气图图例与解说如图 3-25 所示。

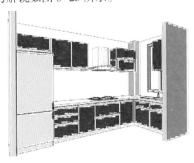

水路　　　　　　　　考虑灯具、插座

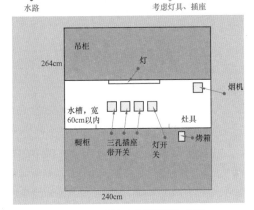

图 3-25　厨房电气图图例与解说

3.23 配电系统图识读

识读配电系统图可以掌握的内容：

（1）电源进线的类型与敷设方式，电线的根数。

（2）进线总开关的类型与特点。

（3）电源进入配电箱后分的支路（回路）数量以及支路（回路）的名称功能、电线数量、开关特点与类型、敷设方式。

（4）是否有零排、保护线端子排。

（5）配电箱的编号、功率。

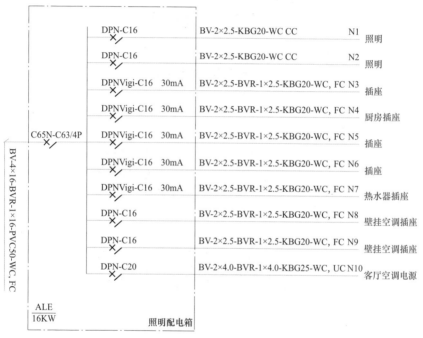

DPN——表示小型断路器系列中的一种。

DPN VIGI——表示漏电保护器。

C——表示脱扣曲线是照明型。

16——表示脱扣电流，即起跳电流。16 表示额定起跳电流为 16A。

图 3-26　配电系统图

如图 3-26 所示，电源进线"BV-4×16-BVR-1×16-PVC50-WC，FC"为 4 根 16mm² 的聚氯乙烯绝缘铜芯线穿直径为 50mm PVC 塑料管暗敷设在地面或地板内、暗敷于墙内。另外，还有 1 根 16mm² 的铜芯聚氯乙烯绝缘软电线。

进线总开关"C65N-C63/4P"为型号为 C65N 63A 的 4 极断路器。

电源进入配电箱后分为 10 个支路（回路）出来。其中 N1、N2 支路的断路器 "DPN-C16" 为 16A 起跳电流照明型 DPN 断路器。

出线 "BV-2×2.5-KBG20-WC CC" 是 2 根 2.5mm² 的聚氯乙烯绝缘铜芯线穿直径为 20mm 的穿薄壁金属管（KBG）暗敷于墙内、暗敷设在屋面或顶板内。注意，目前太多采用塑料管敷设，则会标注 PC 字样。

N3、N4、N5、N6、N7 支路的断路器 "DPNVigi-C16" 为 16A 的带漏电功能的开关。出线 "BV-2×2.5-BVR-1×2.5-KBG20-WC，FC" 为 2 根 2.5mm² 的聚氯乙烯绝缘铜芯线、1 根 2.5mm² 的铜芯聚氯乙烯绝缘软电线穿直径为 20mm 的薄壁金属管（KBG）沿建筑物墙、地面内暗敷。注：单相插座回路为 3 根线。

N8、N9 支路的断路器 "DPN-C16" 为 16A 起跳电流照明型 DPN 断路器。出线 "BV-2×2.5-BVR-1×2.5-KBG20-WC，FC" 为 2 根 2.5mm² 的聚氯乙烯绝缘铜芯线、1 根 2.5mm² 的铜芯聚氯乙烯绝缘软电线穿直径为 20mm 的薄壁金属管（KBG）沿建筑物墙、地面内暗敷。注：单相插座回路为 3 根线。

N10 支路的断路器 "DPN-C20" 为 20A 的开关，出线 "BV-2×4.0-BVR-1×4.0-KBG25-WC，UC" 为 2 根 4mm² 的聚氯乙烯绝缘铜芯线、1 根 4mm² 的铜芯聚氯乙烯绝缘软电线穿直径为 25mm 的薄壁金属管（KBG）暗敷于墙内、吊顶内敷设。

由此图还可看出，此配电箱没有零排、保护线端子排，配电箱功率为 16kW。

电源出线一般是采用相应要求的敷设方式到各自的房间回路、电气设备。例如图例中主要是去照明、插座回路。

识读照明电气系统如图 3-27 所示。

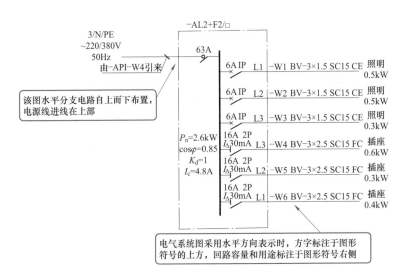

图 3-27 照明电气系统图

强电配电箱如图 3-28 所示。

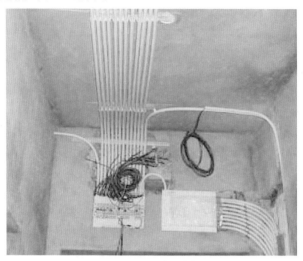

图 3-28　强电配电箱

　　识读弱电配电箱线路，就是了解弱电箱的位置、回路、线路分布等信息。有关弱电箱线路实际现场如图 3-29 所示。了解弱电箱线路实际现场，对于理解有关弱电箱线路图有很大帮助。

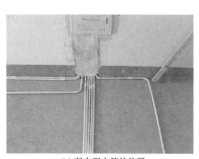

(a) 弱电配电箱的位置

(b) 弱电配电箱的位置

(c) 线路分布

(d) 红色管为强电管、蓝色管为弱电管

图 3-29　弱电配电箱

▶ 3.24 ░ 识读顶面布局图

　　识读顶面布局图时，应从图例平面图、顶面布局图、效果图综合来看。家装电工需要在顶面留筒灯接线（即分别引出相线、中性线），并且筒灯的相线需要经过开关控制。其次，还需要预留灯带接线（即分别引出相线、中性线），并且灯带相线需要经过其开关控制。如果是带变压设备的还需要预留变压设备安装位置。另外，就是吊灯接线的预留（即分别引出相线、中性线），以及吊灯相线需要经过其开关控制。

　　另外，电视机处需要引来电源插座所需要的相线、中性线、地线，以及有关有线电视线、网络线、电话线、音响线。布线时，需要注意的是从各自的回路引入。

　　客厅天花布置连接图如图 3-30 所示。从图中可知，靠近电视机前面的 6 盏筒灯为一开开关控制，后 6 盏筒灯（靠近沙发一边）为一开开关控制。灯带用一开开关控制。这几个开关用一个 3 开单控开关来完成客厅天花灯的控制。该开关位于靠沙发墙壁的右边，另外，大吸顶灯采用双开双控开关控制，客厅的该开关位于电视机的左边。

　　图 3-31 所示为灯具的布线布管，根据客厅天花布置图、客厅天花布置连接图的有关信息，可以首先给灯具定具体的尺寸位置与数量，然后根据灯具需要 2 根线、相线、中性线布线布管。布线布管时，一定要考虑能够实现灯具的开、关要求以及布线布管方便、简单的要求。例如，筒灯与带灯均是一个 3 开单控开关来控制的，

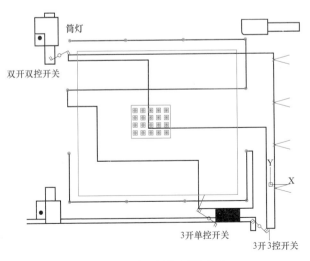

图 3-30　客厅天花布置连接图

因此，引入到开关的电线有相线、中性线。考虑相线需要经过开关，然后由开关引出的相线到筒灯上，实现开关对灯具的关、灭作用。中性线不需要经过开关直接可以到灯具上去。尽管筒灯分2组、带灯分1组共3组控制，灯具的中性线可以互相连在一起。但是，为规范穿线各线管穿各组的相线、中性线。连接处要在线盒里进行。

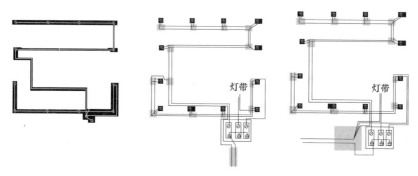

图 3-31　灯具的布线布管

第 4 章

装饰装修给排水识图

▶ 4.1 建筑给水系统

建筑给水系统包括建筑内部给水系统与建筑外部给水系统。建筑给水系统的组成如图 4-1 所示。

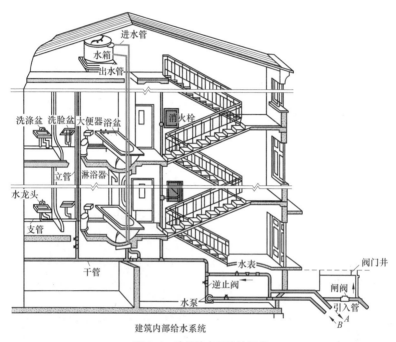

图 4-1 建筑给水系统的组成

一般情况，建筑内部给水系统由引入管、给水附件、管道系统、水表节点、升压与储水设备、室内消防设备等部分组成。

（1）引入管为联络室内、室外管网间的管段。

（2）给水附件包括闸阀、止回阀等控制附件；水嘴、水表等配水附件。

（3）管道系统一般由水平干管、立管、支管等组成。

（4）水表节点是水表装置设置的总称。

（5）室内消防设备包括消火栓、自动喷水系统或水幕灭火设备等。

（6）升压和储水设备。常用的有贮水池、高位水箱、水泵、气压给水装置等。

通过识读建筑内部给水系统示意图，可以了解其实际空间布局情况。

▶ 4.2 室内给水系统

室内给水系统，其实就是建筑内部给水系统。

给水系统是指通过管道、设备，根据建筑物与用户的生产、生活、消防的要求，有组织的输送到用水点的水网络。

给水系统的任务是满足建筑物、用户对水质、水量水压、水温的要求，保证用水安全可靠。

通过识读室内给水系统示意图，可以了解其实际空间布局情况，如图 4-2 所示。

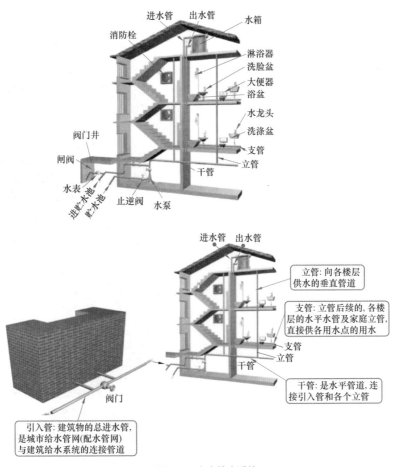

图 4-2　室内给水系统

▶ 4.3 常用管材

为了更清楚的识读给排水有关图，应掌握有关常用管材，这样才能够从图联系实际，也就是图与实际的结合，才能够掌握设计的要求。

在给水、采暖、热水、燃气、空调系统中常用的管材，可以分为：金属管材、非金属管材、复合管材。常用管材见表 4-1。

表 4-1 常用管材

名称	解说	规格	图例
焊接钢管	焊接钢管又称水煤气管、低压流体输送管、有缝钢管等。焊接钢管通常是用普通碳钢制成。焊接钢管的特点为：强度高、耐压耐震、质量较轻，长度较大，耐腐蚀性差等。 焊接钢管接口：可用焊接、法兰连接或螺纹接口。 焊接钢管的分类：根据壁厚不同，可以分为薄壁、普通、加厚钢管。根据表面是否镀锌，可以分为镀锌钢管（白铁管）、非镀锌钢管（黑铁管）。镀锌钢管不可采用焊接，一般采用螺纹连接，管径较大的，一般是采用法兰连接	直径规格：公称直径	
无缝钢管	无缝钢管一般是用优质低碳钢或低合金钢制造而成，其性能比焊接钢管优越	直径规格：外径 × 壁厚	
铸铁管	铸铁管具有较强的耐腐蚀性，经久耐用，价格低廉，质脆，不耐震动，质量大，长度较短。铸铁管常用接口承插、法兰连接等	直径规格：公称直径	
铜管	铜管具有较强的耐腐性、传热好、表面光滑、水力性能好、水质不易受到污染、美观、价格昂贵。铜管接口多用焊接	直径规格：按出厂规格	

续表

名称	解说	规格	图例
塑料管材	塑料管一般是以合成树脂为主要成分，加入适量的添加剂，在一定温度、压力下塑制成型的有机高分子材料管道。常用塑料管材有 PVC 管、PPR 管、PE-X 管等	直径规格：外径 × 壁厚	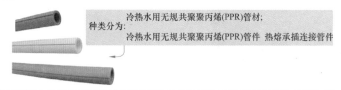

家装常用的给水管材是 PPR，排水管材是 PV-C。PPR 管材实际外形图例如图 4-3 所示。

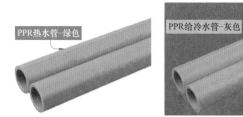

图 4-3 PPR 管材实际外形图例

常用的排水管实际外形图例如图 4-4 所示。

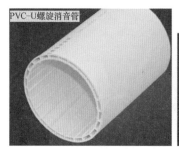

图 4-4 排水管实际外形

按连接形式不同分类如图 4-5 所示。

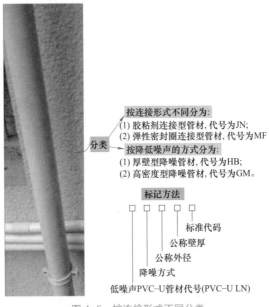

按连接形式不同分为:
(1) 胶粘剂连接型管材,代号为JN;
(2) 弹性密封圈连接型管材,代号为MF

按降低噪声的方式分为:
(1) 厚壁型降噪管材,代号为HB;
(2) 高密度型降噪管材,代号为GM。

标记方法

标准代码
公称壁厚
公称外径
降噪方式
低噪声PVC–U管材代号(PVC–U LN)

图 4-5　按连接形式不同分类

厚壁型降噪管材平均外径、壁厚见表 4-2。

表 4-2　　　　　　　　　厚壁型降噪管材平均外径、壁厚　　　　　　　　（mm）

公称外径 d_n	平均外径		壁厚	
	最小平均外径 $d_{sm,min}$	最大平均外径 $d_{sm,max}$	公称壁厚 e	允许偏差
50	50.0	50.2	3.2	−0.6 0
75	75.0	75.3	4.0	−0.6 0
110	110.0	110.3	4.8	−0.7 0
125	125.0	125.3	4.8	−0.7 0
160	160.0	160.4	5.0	−0.7 0
200	200.0	200.5	6.5	−0.8 0

高密度型降噪管材平均外径、壁厚见表 4-3。

表 4-3　　　　　　　　　高密度型降噪管材平均外径、壁厚　　　　　　　　　（mm）

公称外径 d_n	平均外径		壁厚	
	最小平均外径 $d_{sm,\,min}$	最大平均外径 $d_{sm,\,max}$	公称壁厚 e	允许偏差
50	50.0	50.2	2.0	−0.4 0
75	75.0	75.3	2.3	+0.4 0
110	110.0	110.3	3.2	+0.6 0
125	125.0	125.3	3.2	−0.6 0
160	160.0	160.4	4.0	+0.6 0
200	200.0	200.5	4.9	−0.7 0

胶粘剂粘接型管材承口尺寸见表 4-4。

表 4-4　　　　　　　　　　胶粘剂粘接型管材承口尺寸　　　　　　　　　　（mm）

公称外径 d_n	承口中部平均内径		承口深度 $L_{0,\,min}$
	最小平均内径 $d_{sm,\,min}$	最大平均内径 $d_{sm,\,max}$	
50	50.1	50.4	25
75	75.2	75.5	40
110	110.2	110.6	48
125	125.2	125.7	51
160	160.3	160.8	58
200	200.4	200.9	60

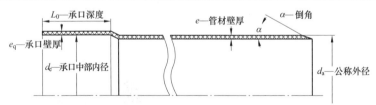

PE-RT 地暖管实际外形图例与相关设备如图 4-6 所示。

图 4-6　PE-RT 地暖管实际外形图例与相关设备

4.4 家装给水常用管件

家装给水常用管件是在管道系统中起连接、变径、转向、分支等作用的零件。识读给水图时，有的直接给出了给水常用管件的名称、种类等信息，有的没有直接给出，需要施工人员直接根据实际情况选择。因此，识读人员需要掌握给水常用管件的实际物体。

家装给水常用管件图例如图4-7所示。

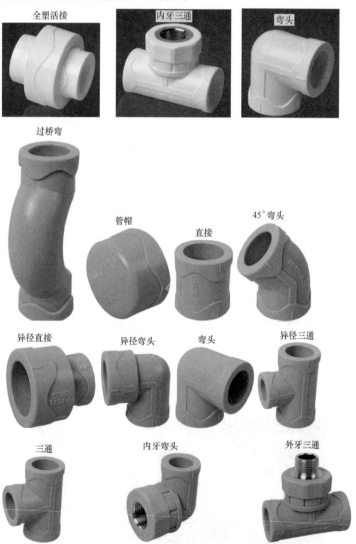

图 4-7 家装给水常用管件图例（一）

图 4-7　家装给水常用管件图例（二）

▶ 4.5 家装排水常用管件

　　家装排水常用管件是在管道系统中起连接、变径、转向、分支等作用的零件。识读给水图时，有的直接给出了排水常用管件的名称、种类等信息，有的没有直接给出，需要施工人员直接根据实际情况选择。因此，识读人员需要掌握排水常用管件的实际物体。

　　家装排水常用管件图例如图 4-8 所示。

图 4-8　家装排水常用管件图例（一）

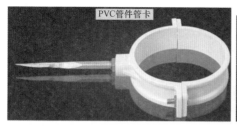

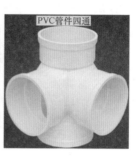

图 4-8　家装排水常用管件图例（二）

4.6　龙头（水嘴）

4.6.1　龙头（水嘴）概述

龙头（水嘴）的特点如图 4-9 所示。

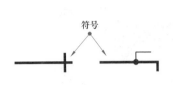
符号

手柄
阀芯
主体
进水口
单柄单控水嘴结构示意

手柄
主体
阀芯
冷、热水隔墙
冷水管
热水管
单柄 双控水嘴结构示意

水嘴

- 水嘴按操作方式分为:机械式和非接触式。
- 机械式水嘴按启闭控制手柄部件数量分为单柄式和双柄式。
- 非接触式水嘴按传感器控制方式可分为:反射红外式、遮挡红外式、热释电式、微波反射式、超声波反射式、电磁感应式。
- 水嘴按供水管路的数量分为:单控式和双控式。
- 水嘴按密封材料分为:陶瓷片式和非陶瓷片式。
- 水嘴按用途分为:普通水嘴、洗面器水嘴、浴缸水嘴、淋浴水嘴、洗衣机水嘴、净身器水嘴、厨房水嘴、直饮水嘴。
- 按出水口是否固定可分为:固定式出水口和旋转式出水口。

图 4-9 龙头（水嘴）的特点

4.6.2 面盆水嘴

面盆水嘴的型号命名规律如图 4-10 所示。

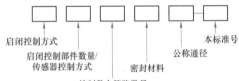

启闭控制方式
启闭控制部件数量/
传感器控制方式
控制供水管路数量
密封材料
公称通径
本标准号

面盆水嘴按启闭控制方式分为机械式和非接触式两类。		
启闭控制方式	机械式	非接触式
代号	J	F

机械式面盆水嘴按启闭控制部件数量分为单柄和双柄两类。		
启闭控制部件数量	单柄	双柄
代号	D	S

非接触式面盆水嘴按传感器控制方式分类					
传感器控制方式	反射红外式	遮挡红外式	热释电式	微波反射式	超声波反射式	其他类型
代号	F	Z	R	W	C	Q

面盆水嘴按控制供水管路的数量分为单控和双控两类		
供水管路的数量	单控	双控
代号	D	S

面盆水嘴按密封材料分为陶瓷和其他两类		
密封材料	陶瓷	非陶瓷
代号	C	F

图 4-10 面盆水嘴的型号命名规律

4.6.3　浴盆明装水嘴

浴盆明装水嘴的型号命名规律如图 4-11 所示。

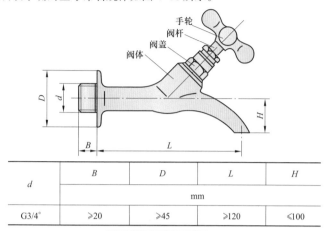

d	B	D	L	H
	mm			
G3/4°	≥20	≥45	≥120	≤100

浴盆普通水嘴的结构尺寸

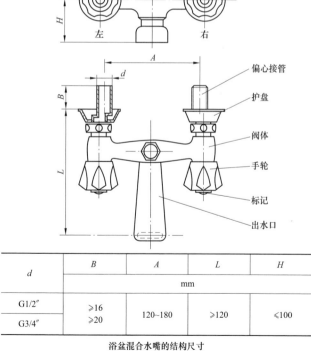

d	B	A	L	H
	mm			
G1/2″	≥16	120~180	≥120	≤100
G3/4″	≥20			

浴盆混合水嘴的结构尺寸

图 4-11　浴盆明装水嘴的型号命名规律

4.6.4 陶瓷片密封水嘴

陶瓷片密封水嘴的型号命名规律如图4-12所示。

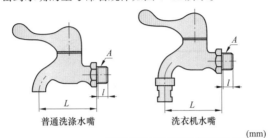

普通洗涤水嘴   洗衣机水嘴

(mm)

尺寸代号	A	l(螺纹有效长度)		L
		圆柱管螺纹	圆锥管螺纹	
要求	G1/2B或R_1 1/2或R_2 1/2	≥10	≥11.4	≥55
	G3/4B或R_1 3/4或R_2 3/4	≥12	≥12.7	≥70
	G1 B或R_1 1或R_2 1	≥14	≥14.5	≥80

壁式明装单柄单控水嘴尺寸

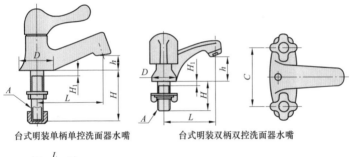

台式明装单柄单控洗面器水嘴   台式明装双柄双控洗面器水嘴

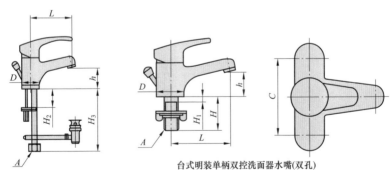

台式明装单柄双控洗面器水嘴(单孔)   台式明装单柄双控洗面器水嘴(双孔)

(mm)

尺寸代号	A	H	H_1	H_2	H_3	h	D	L	C
要求	G1/2B或R_1 1/2或R_2 1/2	≥48	≤8	≥35	≥350	≥25	≥40	≥65	102±1 150±1 200±1

图4-12 陶瓷片密封水嘴的型号命名规律

4.6.5　水嘴连接末端尺寸

水嘴连接末端尺寸如图 4-13 所示。

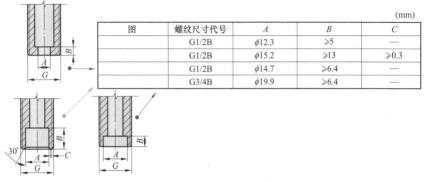

(mm)

图	螺纹尺寸代号	A	B	C
	G1/2B	ϕ12.3	⩾5	—
	G1/2B	ϕ15.2	⩾13	⩾0.3
	G1/2B	ϕ14.7	⩾6.4	—
	G3/4B	ϕ19.9	⩾6.4	—

图 4-13　水嘴连接末端尺寸

4.7　阀

4.7.1　卫生洁具及暖气管道用直角阀

卫生洁具及暖气管道用直角阀型号命名规律如图 4-14 所示。

产品类型代号		
产品类型	卫生洁具直角阀	暖气管道直角阀
代号	JW	JN

密封材料代号						
密封材料	铜合金	橡胶	尼龙塑料	氟塑料	合金钢	陶瓷	其他
代号	T	X	N	F	H	C	Q

阀体材料代号				
密封材料	铜合金	不锈钢	铸铁	塑料	其他
代号	T	B	Z	S	Q

使用条件				
产品类型	公称尺寸	公称压力 /MPa	介质	介质温度 /℃
卫生洁具直角阀	DN15、DN20、DN25	1.0	冷、热水	⩽90
暖气管道直角阀	DN15、DN20、DN25	1.6	暖气	⩽150

图 4-14　卫生洁具及暖气管道用直角阀型号命名规律

4.7.2 卫生洁用直角阀

卫生洁用直角阀型号命名规律如图 4-15 所示。

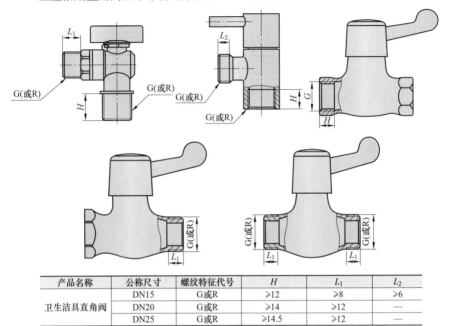

产品名称	公称尺寸	螺纹特征代号	H	L_1	L_2
卫生洁具直角阀	DN15	G或R	≥12	≥8	≥6
	DN20	G或R	≥14	≥12	—
	DN25	G或R	≥14.5	≥12	—

图 4-15 卫生洁用直角阀型号命名规律

4.7.3 暖气管道用直角阀

暖气管道用直角阀型号命名规律如图 4-16 所示。

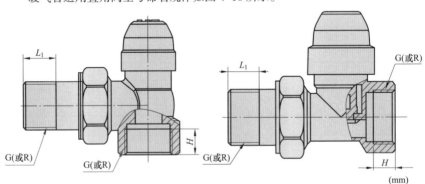

(mm)

产品名称	公称尺寸	螺纹特征代号	H	L_1	L_2
暖气管道直角阀	DN15	G或R	≥10	≥16	—
	DN20	G或R	≥14	≥16	—
	DN25	G或R	≥14.5	≥18	—

图 4-16 暖气管道用直角阀型号命名规律

4.7.4　阀门符号与实物

阀门符号与实物如图 4-17 所示。

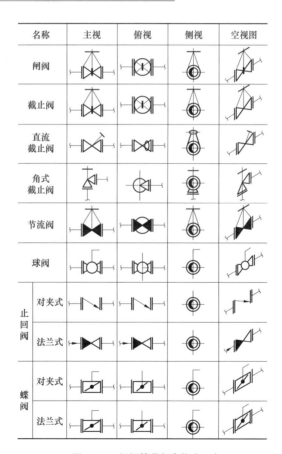

控制附件用以调节水量、水压, 关断水流等作用, 一般指各种类型的阀门

名称		主视	俯视	侧视	空视图
闸阀					
截止阀					
直流截止阀					
角式截止阀					
节流阀					
球阀					
止回阀	对夹式				
	法兰式				
蝶阀	对夹式				
	法兰式				

图 4-17　阀门符号与实物（一）

图 4-17 阀门符号与实物（二）

4.7.5　阀体材料适用

阀体材料适用领域见表 4-5。

表 4-5　　　　　　　　　　　　阀体材料适用领域

阀体材料	适用公称压力 /MPa	适用温度 /℃	适用介质
灰铸铁	≤ 10	− 10 ~ 200	蒸汽、空气、水、煤气、油类等介质
可锻铸铁	≤ 25	− 30 ~ 300	蒸汽、空气、水、油类等介质
球墨铸铁	≤ 40	− 30 ~ 350	蒸汽、空气、水、油类等介质
铜合金	≤ 25	− 40 ~ 250	海水、氧气、水、空气、油类等介质
碳素钢	≤ 320	− 30 ~ 450	空气、氢气、氨、水、蒸汽、氮、石油产品等介质
高温钢	≤ 16	≤ 550	蒸汽、石油产品
低温钢	≤ 64	≥ − 196	乙烯、丙烯、液态天然气、液氨等介质
不锈耐酸钢	≤ 64	≤ 200	硝酸、醋酸等介质

4.7.6　阀门与管件

管件常用公称直径（DN）来表示，也就是由字母 DN 与后跟无因次的整数数字组成。该数字与端部连接件的孔径或外径（单位：mm）等特征尺寸直接相关。

管件尺寸的英寸与毫米对照见表 4-6。

表 4-6　　　　　　　　管件尺寸的 in（英寸）与 mm（毫米）对照

直径 /in	1/4″	3/8″	1/2″	3/4″	1″	1.2″	1.5″	2″	2.5″
通径 /mm	DN8	DN10	DN15	DN20	DN25	DN32	DN40	DN50	DN65
外径 /mm	13.7	17.14	21.3	26.7	33.4	42.2	48.3	60.3	73
直径 /in	3″	4″	5″	6″	8″	10″	12″	14″	16″
直径 /mm	DN80	DN100	DN125	DN150	DN200	DN250	DN300	DN350	DN400
外径 /mm	88.9	114.3	141.3	168.3	219.1	273	323.8	355.6	406.4

注　1 英寸 =25.4mm=8 英分，1 分 =1/8″，2 分 =1/4″，3 分 =3/8″，4 分 =1/2″，6 分 =3/4″，8 分 =1″。

4.7.7　水管公称直径与阀门口径（接口）的对照

水管公称直径与阀门口径（接口）的对照见表 4-7。

表 4-7　　　　　　　　　水管与阀门口径（接口）的对照

公称直径	DN15	DN20	DN25	DN32	DN40	DN50	DN65	DN80	DN100	DN125
小直径系列 / mm	φ18	φ25	φ32	φ38	φ45	φ57	φ73	φ89	φ108	φ133
大直径系列 / mm	φ22	φ27	φ34	φ42	φ48	φ60	φ76	φ89	φ114	φ140

续表

公称直径	DN150	DN200	DN250	DN300	DN350	DN400	DN450	N500	DN600
小直径系列 / mm	$\phi159$	$\phi219$	$\phi273$	$\phi324$	$\phi360$	$\phi406$	$\phi457$	$\phi508$	$\phi610$
大直径系列 / mm	$\phi168$	$\phi219$	$\phi273$	$\phi325$	$\phi377$	$\phi426$	$\phi480$	$\phi530$	$\phi630$
公称直径	DN700	DN800	DN900	DN1000	DN1200	DN1400	DN1600	N1800	DN2000
直径系列 / mm	$\phi720$	$\phi820$	$\phi920$	$\phi1020$	$\phi1220$	$\phi1420$	$\phi1620$	$\phi1820$	$\phi2020$

4.7.8 水管（大外径）与阀门口径（接口）的对照

水管（大外径）与阀门口径（接口）的对照见表 4-8。

表 4-8 水管（大外径）与阀门口径（接口）的对照

匹配管子外径	大外径系列外径	小外径系列外径	匹配管子外径	大外径系列外径	小外径系列外径
DN15	$\phi22$	$\phi18$	DN125	$\phi140$	$\phi133$
DN20	$\phi27$	$\phi25$	DN150	$\phi168$	$\phi159$
DN25	$\phi34$	$\phi32$	DN200	$\phi219$	$\phi219$
DN32	$\phi42$	$\phi38$	DN250	$\phi273$	$\phi273$
DN40	$\phi48$	$\phi45$	DN300	$\phi324$	$\phi325$
DN50	$\phi60$	$\phi57$	DN350	$\phi356$	$\phi377$
DN65	$\phi76$	$\phi73$	DN400	$\phi406$	$\phi426$
DN80	$\phi89$	$\phi89$	DN450	$\phi457$	$\phi480$
DN100	$\phi114$	$\phi108$	DN500	$\phi508$	$\phi530$

注 DN（公称直径）单位为 mm。管子外径 φ 单位为 mm。磅级阀门用 NPS 表示，单位为 in。

▶ 4.8 水表

水表是测量水流量的一种仪表。水表的种类如下。

（1）根据翼轮的不同结构分为旋翼式水表、螺翼式水表两种。其中，旋翼式水表就是翼轮转轴与水流方向垂直，水流阻力大，用于小口径的液量计量。螺翼式水表就是翼轮转轴与水流方向平行，阻力小，适于大流量（大口径）的计量。

（2）根据技术机件所处状态分为干式水表、湿式水表。

（3）根据温度分为冷水表、热水表（40℃）。

水表的符号与特点如图 4-18 所示。

（1）水表一般设计安装在便于检修、抄表，不受暴晒、污染、冻结的地方。一般是水平安装，箭头方向与水流方向一致。

（2）建筑物内的分户水表，水表的后面，有的不设阀门，只在水表前设计了一个阀门。

（3）水表后一般设置了止回阀，以便于检修。

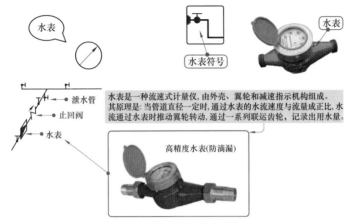

图 4-18　水表的符号与特点

（4）对于水中含杂质较多的情况，一般在表前设置过滤器以防止水表堵塞。

（5）旋翼式水表，一般表前与阀门有不小于 8 倍水表接口直径的直线管段。

（6）螺翼式水表，一般表前与阀门应有 8~10 倍水表接口直径的直线管段，表后有 300mm 直管线段。

（7）水表进口中心标高是根据设计要求确定的，一般允许偏差为 10mm。表外壳距墙面净距，一般为 10~30mm。

▶ 4.9 燃气取暖器

燃气取暖器的阀门结构图如图 4-19 所示。

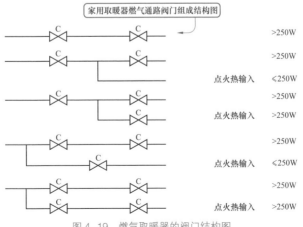

图 4-19　燃气取暖器的阀门结构图

燃气取暖器编号规律如图 4-20 所示。

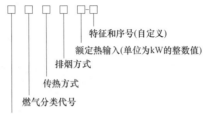

特征和序号(自定义)
额定热输入(单位为kW的整数值)
排烟方式
传热方式
燃气分类代号
家用/非家用燃气取暖器(JQ/FQ)

按适用场所分类

分类	代号
家用取暖器	JQ
非家用取暖器	FQ

按燃气种类分类以及燃气额定供气压力

分类	代号	燃气种类	燃气额定供气压力/kPa
人工煤气取暖器	R	3R、4R、5R、6R、7R	1.0
天然气取暖器	T	3T、4T、6T	1.0
		10T、12T	2.0
液化石油气取暖器	Y	19Y、20Y、22Y	2.8

按传热方式分类

分类		代号
辐射式取暖器	高强度辐射取暖器	G
	低强度辐射取暖器	D
双流式取暖器	换热式取暖器	R
	强制混新风式取暖器	H

按排烟方式分类

分类		代号
直排式取暖器		Z
平衡式取暖器	自然平衡式取暖器	P
	强制平衡式取暖器	G
烟道式取暖器	烟道式自然排气取暖器	D
	烟道式强制排气取暖器	Q

图 4-20　燃气取暖器编号规律

▶ 4.10 图例

4.10.1 管道图例

管道类别，一般是用汉语拼音字母来表示的，其符号见表 4-9。

表 4-9 管道图例

名称	符号图例	实物图例与备注
生活给水管	—— J ——	
生活冷水管	——————	冷水管蓝线标示
热水给水管	—— RJ ——	热水管红线标示
热水回水管	—— RH ——	厨房用水 公衡用水 次衡用水 主衡用水 热水管通道网 热水回水管
中水给水管	—— ZJ ——	
循环给水管	—— XJ ——	
循环回水管	—— Xh ——	
热媒给水管	—— RM ——	
热媒回水管	—— RMH ——	
蒸汽管	—— Z ——	
凝结水管	—— N ——	
废水管	—— F ——	可与中水源水管合用
压力废水管	—— YF ——	
通气管	—— T ——	
污水管	—— W ——	
压力污水管	—— YW ——	
雨水管	—— Y ——	
压力雨水管	—— YY ——	

续表

名称	符号图例	实物图例与备注
膨胀管	 —— PZ ——	
保温管	 （波浪线图例）	
多孔管	 （多孔管图例）	
地沟管	 （地沟管图例）	
防护套管	 （防护套管图例）	
管道立管	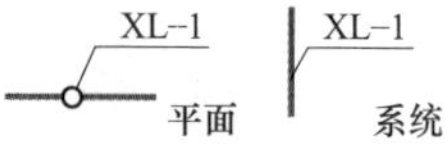 XL-1 平面　XL-1 系统	X：管道类别 L：立管 1：编号
伴热管	（伴热管图例）	
空调凝结水管	 —— KN ——	
排水明沟	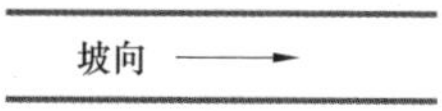 坡向 ——→	
排水暗沟	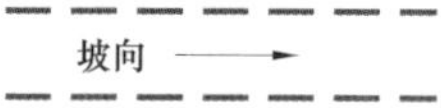 坡向 ——→	

4.10.2　管道附件

管道附件的图例见表 4-10。

表 4-10　　　　　　　　　　　管道附件

名称	符号图例	实物图例与备注
套管伸缩器	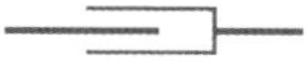 （套管伸缩器图例）	
方形伸缩器	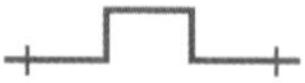 （方形伸缩器图例）	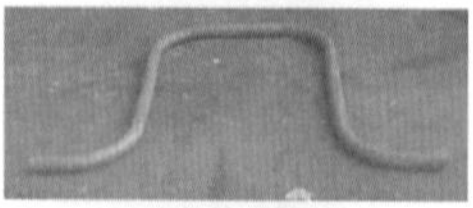
刚性防水套管	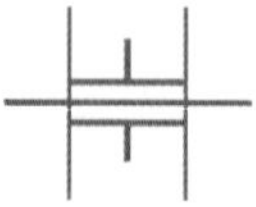 （刚性防水套管图例）	

续表

名称	符号图例	实物图例与备注
柔性防水套管		
波纹管		
可曲挠橡胶接头		
管道固定支架		
管道滑动支架		
立管检查口		
清扫口	平面　　　系统	

续表

名称	符号图例	实物图例与备注
通气帽	成品　　铅丝球	
雨水斗	YD-　平面　　YD-　系统	
排水漏斗	平面　　系统	
圆形地漏	通用。如为无水封,地漏应加存水弯	
方形地漏		
自动冲洗水箱		
挡墩		
减压孔板		

名称	符号图例	实物图例与备注
Y 形除污器		
毛发聚集器	平面　　系统	
防回流污染止回阀		
吸气阀		

4.10.3　管道连接图例

管道连接的图例见表 4-11。

表 4-11　　　　　　　　　　　管道连接

名称	符号图例	实物图例与备注
法兰连接		
承插连接		

名称	符号图例	实物图例与备注
活接头		
管堵		
法兰堵盖		
弯折管	表示管道向后及向下弯转 90°	
三通连接		
四通连接		

续表

名称	符号图例	实物图例与备注
盲板		
管道丁字上接		
管道丁字下接		
管道交叉	 在下方和后面的管道应断开	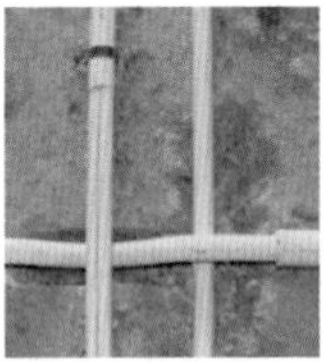

4.10.4 管件图例

管件的图例见表 4-12。

表 4-12 管件图例

名称	符号图例	实物图例与备注
偏心异径管	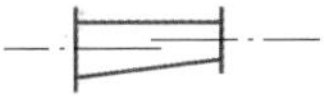	

名称	符号图例	实物图例与备注
异径管		
乙字管		
喇叭口		
转动接头		
短管		
存水弯		
弯头		
正三通		

续表

名称	符号图例	实物图例与备注
斜三通		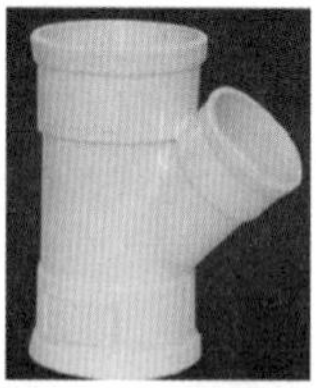
正四通		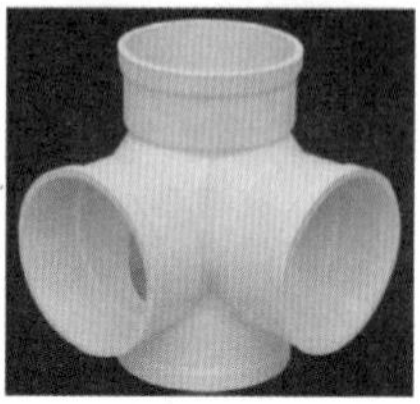
斜四通	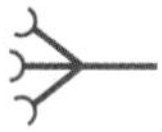	
浴盆排水件		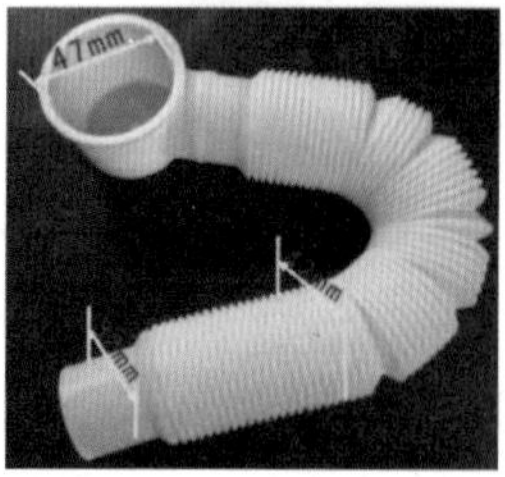

4.10.5　阀门图例

阀门的图例见表 4–13。

表 4–13　　　　　　　　　　阀门的图例

名称	符号图例	实物图例与备注
闸阀		

名称	符号图例	实物图例与备注
角阀		
三通阀		
四通阀		
截止阀	DN≥50 DN<50	
电动阀		
液动阀		
气动阀		

续表

名称	符号图例	实物图例与备注
减压阀	左侧为高压端	
旋塞阀	平面　系统	
底阀		
球阀		
隔膜阀		
气开隔膜阀		

续表

名称	符号图例	实物图例与备注
气闭隔膜阀		
温度调节阀		
压力调节阀		
电磁阀	M	断电关 通电开
止回阀		
消声止回阀		
蝶阀		

续表

名称	符号图例	实物图例与备注
弹簧安全阀		
平衡锤安全阀		
自动排气阀	平面　　系统	
浮球阀	平面　　系统	
延时自闭冲洗阀		
吸水喇叭口	平面　　系统	
疏水器		

续表

名称	符号图例	实物图例与备注

4.10.6 给水配件图例

给水配件的图例见表 4-14。

表 4-14   给水配件图例

名称	符号图例	实物图例与备注
放水龙头	左侧为平面，右侧为系统	
皮带龙头	左侧为平面，右侧为系统	—
洒水（栓）龙头		—
化验龙头		
肘式龙头		—

续表

名称	符号图例	实物图例与备注
脚踏开关	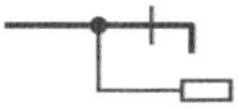	—
混合水龙头		
旋转水龙头		
浴盆带喷头混合水龙头		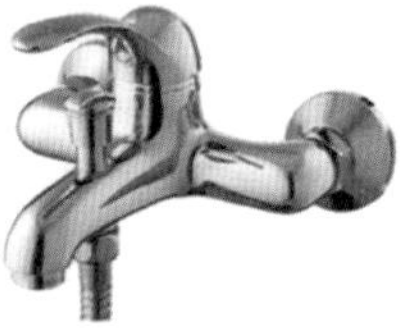

4.10.7 消防设施图例

消防设施的图例见表 4–15。

表 4–15　　　　　　　　　　消防设施的图例

名称	符号图例
消火栓给水管	——XH——
自动喷水灭火给水管	——ZP——
室外消火栓	
室内消火栓（单口）	 平面　　系统 白色为开启面

续表

名称	符号图例
室内消火栓（双口）	平面 系统
水泵接合器	
自动喷洒头（开式）	平面 系统
自动喷洒头（闭式） 下喷	平面 系统
自动喷洒头（闭式） 上喷	平面 系统
自动喷洒头（闭式） 上下喷	平面 系统
侧墙式自动喷洒头	平面 系统
侧喷式喷洒头	平面 系统
雨淋灭火给水管	————— YL —————
水幕灭火给水管	————— SM —————
水炮灭火给水管	————— SP —————
干式报警阀	平面 系统
水炮	
湿式报警阀	平面 系统
预作用报警阀	平面 系统

续表

名称	符号图例
遥控信号阀	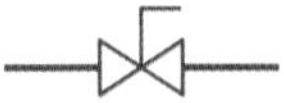
水流指示器	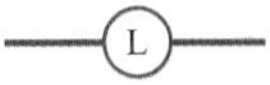 —(L)—
水力警铃	
雨淋阀	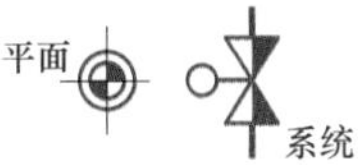 平面　　　系统
末端测试阀	平面　　　系统
末端测试阀	
推车式灭火器	

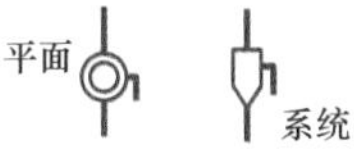

4.10.8　卫生设备及水池的图例

卫生设备及水池的图例见表 4-16。

表 4-16　　　　　　　　　　卫生设备及水池图例

名称	符号图例	实物图例与备注
立式洗脸盆		
台式洗脸盆	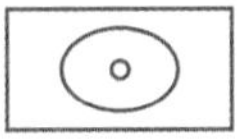	 存水弯
挂式洗脸盆	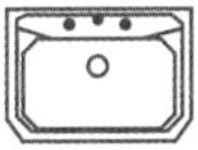	

续表

名称	符号图例	实物图例与备注
浴盆		
化验盆、洗涤盆		
带沥水板洗涤盆	不锈钢制品	
盥洗槽		
污水池		
妇女卫生盆		
立式小便器		

名称	符号图例	实物图例与备注
壁挂式小便器		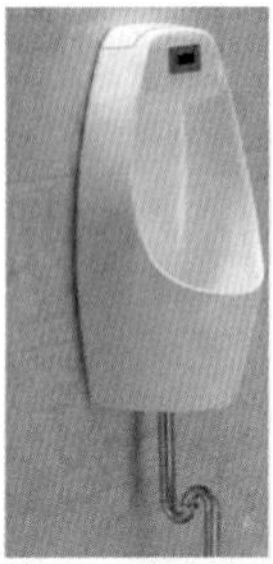
蹲式大便器	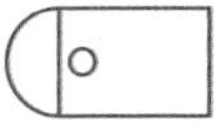	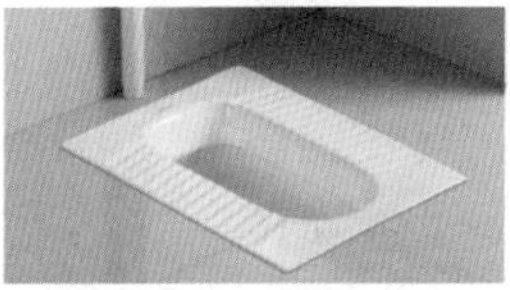
坐式大便器	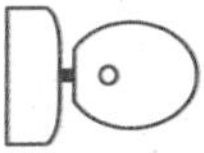	
小便槽	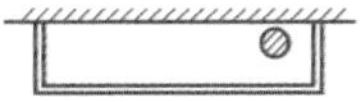	
淋浴喷头		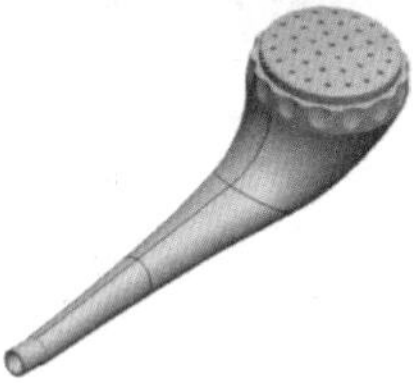

壁挂式小便器的类型图例如图 4-21 所示。蹲式大便器的类型图例如图 4-22 所示。

4.10.9 小型给水排水构筑物的图例

小型给水排水构筑物的图例见表 4-17。

排水　墙排: 小便斗排水口在陶瓷体背后, 与墙面排水口对接
地排: 小便斗排水口在陶瓷体下方, 与地面排水管对接

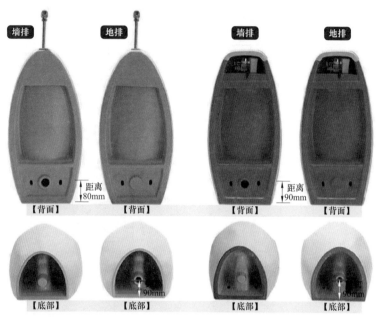

图 4-21　壁挂式小便器的类型图例

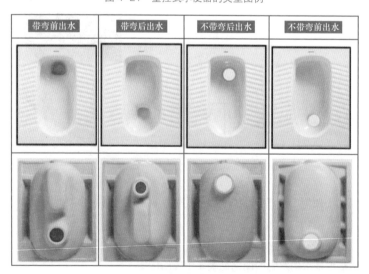

图 4-22　蹲式大便器的类型图例

表 4-17 小型给水排水构筑物的图例

名称	符号图例	实物图例与备注
矩型化粪池	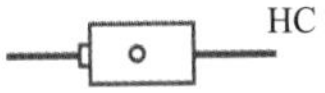 HC HC为化粪池代号	
圆型化粪池	 HC	
隔油池	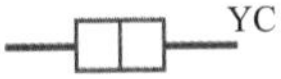 YC	YC 为除油池代号
沉淀池	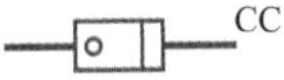 CC	CC 为沉淀池代号
降温池	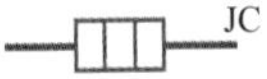 JC	JC 为降温池代号
中和池	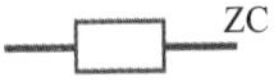 ZC	ZC 为中和池代号
雨水口	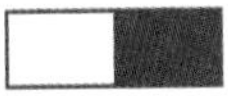	单口
		双口
阀门井 检查井		
水封井		
跌水井		
水表井		

4.10.10 给水排水设备的图例

给水排水设备的图例见表 4-18。

表 4-18 给水排水设备的图例

名称	符号图例	实物图例与备注
水泵	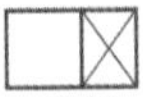 平面　　系统	
潜水泵	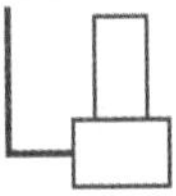	
定量泵	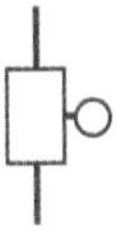	

续表

名称	符号图例	实物图例与备注
管道泵		
卧式热交换器	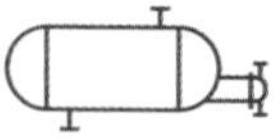	
立式热交换器	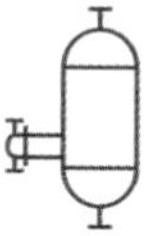	
快速管式热交换器		
开水器		
喷射器		小三角为进水端
除垢器		
水锤消除器	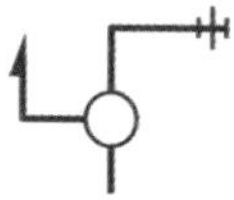	
浮球液位器	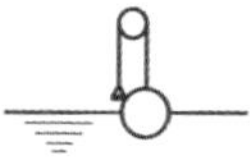	
搅拌器	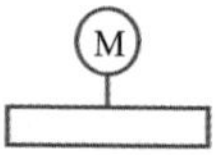	

4.10.11 给水排水专业所用仪表的图例

给水排水专业所用仪表的图例见表 4-19。

表 4-19   给水排水专业所用仪表的图例

名称	符号图例	实物图例与备注
温度计		

名称	符号图例	实物图例与备注
压力表		
自动记录压力表		
压力控制器		
水表		
自动记录流量计		
转子流量计		
真空表		
温度传感器	—— T ——	
压力传感器	—— P ——	
pH 值传感器	—— pH ——	
酸传感器	—— H ——	
碱传感器	—— Na ——	
余氯传感器	—— Cl ——	

4.11 给排水图的组成与作用

给排水图的组成与作用如图 4-23 所示。

给水排水工程图的组成
- 管道总平面图
- 管道平面图
- 管道系统图
- 安装详图
- 图例
- 施工说明

给水排水工程图的作用
- 标示给排水管道类型、平面布置、空间位置
- 标示卫生设施形状、大小、位置、安装方式

图 4-23　给排水图的组成与作用

4.12 给排水图识读概述

识读给排水图时，注意以下几点：

（1）给水排水施工图中的平面图、详图等，一般是采用正投影法绘制的。

（2）给水排水施工图中（详图除外），各种卫生器具、附件及闸门等，一般是采用统一图例来表示的。

（3）给水排水系统图，一般是采用轴测投影绘制的。

（4）给水排水工艺流程图，一般是采用示意法绘制的。

（5）不同直径的管道，一般是以相同线宽的线条来表示的。

（6）暗装管道，与明装管道一样是画在墙外的，一般只提供了说明哪些部分要求暗装的信息。

（7）在同一平面位置布置有几根不同高度的管道时，如果严格按正投影绘制，平面图会重叠在一起，这时画的图一般采用的是成平行排列的。

（8）有关管道的连接配件采用的是属于规格统一的定型工业产品，则在图中没有画出。

（9）给水排水施工图中，管道坡度不是按比例画出的。管径、坡度一般是用数字来注明的。识读图时，不得根据画的坡度比例来确定坡度，而应根据注明的数字来确定坡度。

（10）靠墙敷设的管道，没有根据比例准确表示出管线与墙面的微小距离，图中一般只略有距离表示。识读图时，不得根据画的比例距离来确定实际的距离。

（11）识读给水排水系统图，需要了解有关的图例。有的同一物体不同的图中的图例有差异，因此，没有给出图例的图，则需要根据常规的图例含义来理解。如果图给出了图例，则需要根据给出的图例来理解。家装具体水电图例见表 4-20。

表 4-20　　　　　　　　　　　　家装具体水电图例

图示	名称	图示	名称	图示	名称
—J—	给水管	蝶阀	蝶阀	压力表	压力表
—XH—	消火栓给水管	球阀	球阀		
—ZP—	自动喷水给水管	防污隔断阀	防污隔断阀	水表及水表井	水表及水表井
—RJ—	热水给水管	角阀	角阀		
—ZJ—	中水给水管	浮球阀	浮球阀	可曲挠接头	可曲挠接头
—XJ—	循环给水管	自动排气阀	自动排气阀	波纹管	波纹管
—Xh—	循环回水管	安全信号阀	安全信号阀	Y型过滤器	Y型过滤器
—W—	污水管	水龙头	水龙头	立管检查口	立管检查口
—YW—	压力污水管	皮带龙头	皮带龙头	通气帽	通气帽
—F—	废水管	自闭式冲洗阀	自闭式冲洗阀	雨水斗	雨水斗
—Y—	雨水管	湿式报警阀	湿式报警阀	排水漏斗	排水漏斗
—YY—	压力雨水管	水流指示器	水流指示器	P型、N型存水弯	P型、N型存水弯
—KN—	空调凝结水管	室内消火栓	室内消火栓	地漏	地漏
—T—	通气管	室内双阀双出口消火栓	室内双阀双出口消火栓	清扫口	清扫口
截止管	截止管	室外地上式消火栓	室外地上式消火栓	管堵	管堵
闸阀	闸阀	水泵接合器	水泵接合器	排水检查井	排水检查井
止回阀	止回阀	闭式自动喷洒头	闭式自动喷洒头	水封井	水封井
消声止回阀 缓闭止回阀	消声止回阀 缓闭止回阀	水泵	水泵	跌水井	跌水井
减压阀	减压阀	除垢器	除垢器	—YC 隔油池	隔油池
泄压持压阀	泄压持压阀	温度计	温度计	末端试水装置	末端试水装置

注　分区管道用加注角标方式表示。

（12）识读给水排水施工图一般步骤如图 4-24 所示。

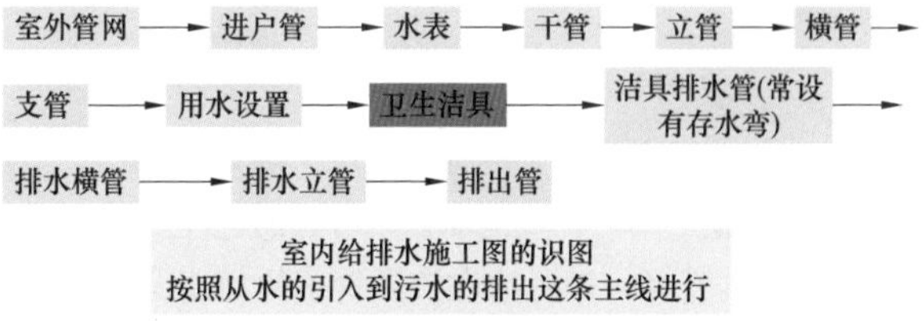

图 4-24　识读给水排水施工图一般步骤

（13）识读给水排水施工图第一步骤如图 4-25 所示。

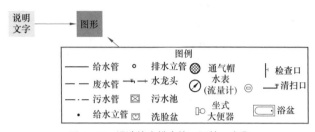

图 4-25　识读给水排水施工图第一步骤

（14）识读给水排水施工图的基本方法：看完整个施工图样的目录、总说明、主要材料、设备表格、基本的控制附件、配件的图标等基础上采用流向法看水管施工图，也就是根据水流的方向来看水管施工图。

给水水流的方向：给水引入管（有编号的，看编号）→给水立管（有编号的，看编号）→给水横管→给水支管。

排水的水流的方向，与给水的方向是相反的顺序。

（15）排水管道坡度的识读。排水系统属于重力流系统，因此，排水横管在敷设时应有一定的坡度。建筑物内生活排水铸铁管道的通用坡度、最小坡度、最大设计充满度见表 4-21。

表 4-21　　生活排水铸铁管道的通用坡度、最小坡度、最大设计充满度

管径	通用坡度	最小坡度	最大设计充满度
50	0.035	0.025	0.5
75	0.025	0.015	
100	0.020	0.012	
125	0.015	0.010	
150	0.010	0.007	0.6
200	0.008	0.005	

（16）建筑排水塑料管排水横支管的标准坡度一般为 0.026。

（17）识读给水排水施工图时，应能够识别管径的标注。管道直径一般用公称直径标注的，一段管子的直径一般标注在该段管子的两端，而中间不再标注。管径的标注图解如图 4-26 所示。

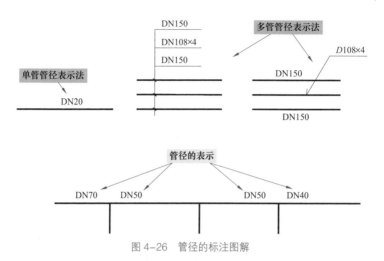

图 4-26　管径的标注图解

（18）识读给水排水施工图时，应能够识别水管的编号。水管的编号图解如图4-27 所示。

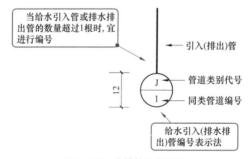

图 4-27　水管的编号图解

（19）识读给水排水施工图时，应能够识别水立管的编号。水立管的编号图解如图 4-28 所示。

图 4-28　水立管的编号图解

▶ 4.13 家装水路图

家装水路图的类型很多，常见的类型图例如图 4-29 所示。

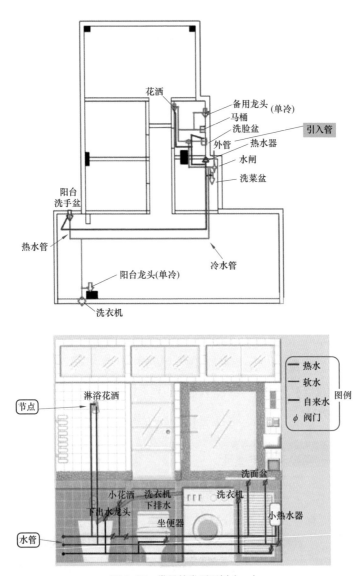

图 4-29　常见的类型图例（一）

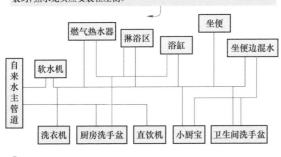

当冷热水管或冷、热水龙头并行安装时,上下平行安装,热水管应在冷水管上方;垂直安装时,热水管应在冷水管的左侧;在卫生器具上安装时,热水龙头应安装在左侧。

S	进水方向
--R--	热水管
—J—	给水管(冷水管)
冷水出水口	冷水出水口
热水出水口	热水出水口
冷水上水	冷水上水
热水上水	热水上水
天然气	天然气
H	热水器

支管上有3个或3个以上配水点的始端,以及给水阀门后面按水流方向均应设可装拆的连接件(活接头)。

图 4-29　常见的类型图例（二）

4.14 给水、排水平面系统图

系统图也称为轴测图。给水、排水平面系统图的绘法一般是取水平、轴测、垂直方向,完全与平面布置图比例相同。

通过识读系统图,可以了解管道的管径、坡度、支管与立管的连接处、管道各种附件的安装标高、空间管道走向、各附件在管道上的位置、管道比例等信息。

识读系统图时,需要注意以下几点：

（1）一般标高的 ±0.00 与建筑图是一致的。

（2）系统图上各种立管的编号,一般与平面布置图是一致的。

（3）系统图一般是根据给水、排水、热水等各系统单独绘制的。

（4）一般的系统图中,对用水设备、卫生器具的种类、数量、位置完全相同的支管、立管,没有重复完全给出,但是一般提供了应用文字标明。

（5）一般同管道平面图比例为 1∶100,复杂时可用 1∶50,简单时可用 1∶200。

（6）有的管道系统图,提供了卫生设施、管道对墙面、柱面的相对位置尺寸等信息。

（7）当系统图立管、支管在轴测方向重复交叉影响可能识图时,则有的图采用了可断开移到图面空白处的绘制方式。

（8）建筑居住小区给排水管道一般不提供系统图,但是,一般提供管道纵断面图。

（9）有的管道系统图具有比例,但是,图样的尺寸不是按比例画的。

（10）识读图时,可以以系统为线索,根据管道类别,例如给水、热水、排水、消防等分类阅读,并且把平面图与系统图对应看,弄清管道连接处位置、各管段的管径、标高、坡向、坡度,路上地面清扫口、横管掏堵、存水型、风帽、检查口、地漏、各种卫生器具、设备等位置、型式、相关定位尺寸等信息。

（11）识读系统图，可以分系统看。给水：找引入管，沿水流方向看；排水：找排出管，逆水流方向看。

识读系统图的图解如图4-30所示。

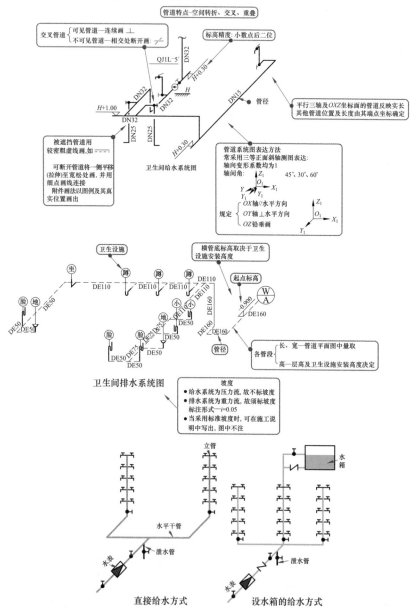

图 4-30 识读系统图的图解

4.15 给水、排水平面布置图

通过识读给水、排水平面布置图，可以了解给水、排水管线和设备的平面布置情况，例如用水设备的种类、数量、位置；各种功能管道、管道附件、卫生器具、用水设备等的图例表示；各种横干管、立管、支管的管径、坡度等的标出等。

给水、排水平面图上的管道，一般是采用单线绘出的。沿墙敷设时，没有标注管道距墙面的距离，仅是一种简单的表意。

一张平面图上可以绘制几种类型的管道，一般来说给水、排水管道可以在一起。如果图样管线复杂，则一般是分别提供。识读时，需要清楚掌握其设计意图。

建筑内部给排图水，平面布置图的张数如下：

（1）一般会提供底层及地下室给水、排水平面布置图。

（2）顶层如果有高位水箱等设备，一般也会单独提供平面布置图。

（3）建筑中间各层，如果卫生设备或用水设备的种类、数量、位置都相同，并且一张标准层平面布置图即可表达清楚，则一般会提供一张图。如果一张图表达不清楚，则一般是逐层绘制的，或者有的是提供了几张图。

（4）各层平面布置图上，一般有各种管道、立管的编号等信息。

（5）管道上下拐弯在平面图上的表示如图 4-31 所示。

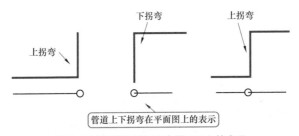

图 4-31　管道上下拐弯在平面图上的表示

给水、排水平面布置图识读图解如图 4-32 所示。

（6）识读给水、排水平面布置图时，还应结合给水、排水具体安装工艺与实际效果特点、要求来掌握所需要的信息。例如吊顶内部安装、立体空间分布特点，图例如图 4-33 所示。

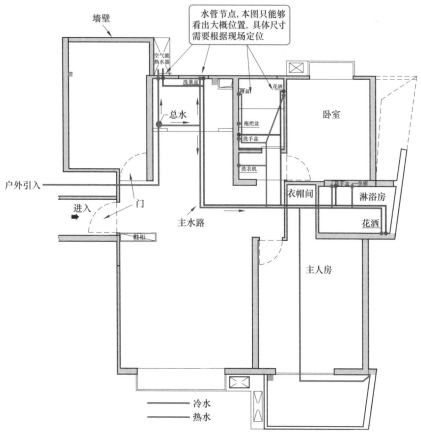

图 4-32　给水、排水平面布置图识读图解

吊顶内管子的实际分布效果

图 4-33　吊顶内部安装、立体空间分布特点图例（一）

不同的设计，水电位置点是不同的

图 4-33　吊顶内部安装、立体空间分布特点图例（二）

镜子

洗脸盆

浴缸

▶ 4.16 ░ 家装水管布置图识读

　　家装水管图，一般包括给水管图、排水管图。给水管图，可以分为单冷水图、混水图。识读家装水管图，可以了解水龙头的数量、水龙头的具体位置、水设施的数量、水设施的具体位置。

　　家装水管图主要涉及厨房、卫生间、阳台等场所。尽管具体家装水管图不同，但是家装水管图基本管路原理是一样的：冷水管从水表处引出来作为主水管，然后其他水设施的冷水采用水管与该主水管连通即可。只是有的水设施的冷水需要经过闸控制再引出冷水管。家装中的热水管就是与主水管连通的一分支管到热水器，然后该冷水经过热水器加热变成热水，并且由热水器引出热水主管。该热水主管就是需要经过热水器的热水分支管。有的水设施的热水需要经过闸控制再引出热水管。

　　家装水管图基本管路原理如图 4-34 所示。

　　家装水管安装图示如图 4-35 所示。

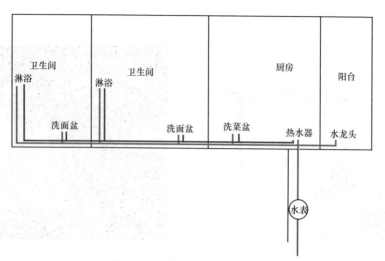

图4-34　家装水管图基本管路原理

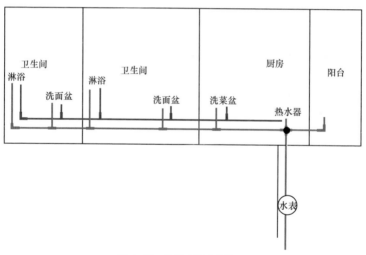

图4-35　家装水管安装图示

▶ 4.17 ╳ 给水、排水节点图

　　通过识读室内给水管道节点图，可以了解具体节点的结构、要求、特点等信息。识读时，可以将室内给水管道节点与室内给水排水平面图中相应的给水管道图对照看，或由水管流动方向第一个节点开始，顺次看到最后一个节点止。

室内给水排水平面图中，对节点、附件、管件等一般没有详细表示。因此，有的图通过提供相应的节点图，来表达、反映本节点的详细情况。有的没有提供节点图，则可能是根据施工要求现场交底。

如果节点图有施工标准图，则节点图一般首先采用的是标准图。

识读节点图时，需要注意以下几点：

（1）节点图的比例，一般是以能清楚绘出构造为根据选用。因此，识读时需要掌握提供的比例信息。

（2）节点图一般提供的是详细的尺寸。因此，识读时不能够以比例代替尺寸。

（3）节点图识读的一般步骤：了解概况，功能→看图例→看说明→看系统图→对照平面图→管线定位。

4.18　给水、排水安装图

识读给水、排水安装图，可以了解管道的安装间距、安装路径、安装要求、设备安装工艺等信息。有的给水、排水安装图，还会给出相应参数表格。例如塑料管及复合管道支架的最大间距见表 4-22。

表 4-22　　　　　　　塑料管及复合管道支架的最大间距

管径 /mm			12	14	16	18	20	25	32	40	50	63	75	90	110
最大间距 /m	立管		0.5	0.6	0.7	0.8	0.9	1.0	1.1	1.3	1.6	1.8	2.0	2.2	2.4
	水平管	冷水管	0.4	0.4	0.5	0.5	0.6	0.7	0.8	0.9	1.0	1.1	1.2	1.35	1.55
		热水管	0.2	0.2	0.25	0.3	0.3	0.35	0.4	0.5	0.6	0.7	0.8	—	—

水嘴安装图图例如图 4-36 所示。

洗涤盆 PPR 水管的安装图例如图 4-37 所示。

低箱坐便器 PPR 水管的安装图例如图 4-38 所示。

双管移动淋浴器 PPR 水管的安装图例如图 4-39 所示。

太阳能与热水器联动安装图例如图 4-40 所示。

地漏安装图例如图 4-41 所示。

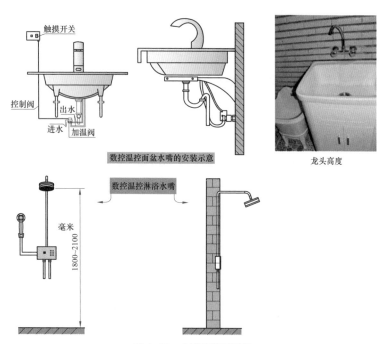

图 4-36　水嘴安装图图例

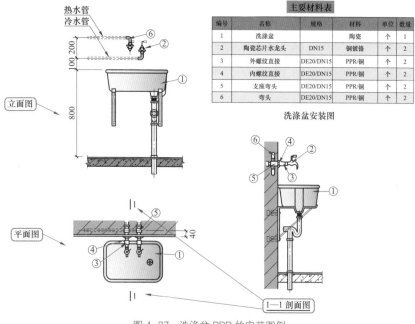

图 4-37　洗涤盆 PPR 的安装图例

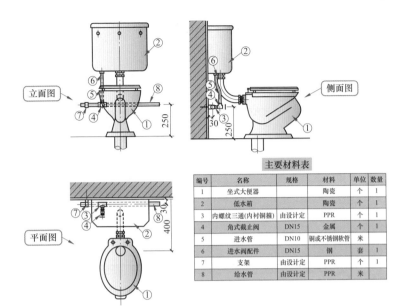

图 4-38　低箱坐便器 PPR 水管的安装图例

主要材料表

编号	名称	规格	材料	单位	数量
1	坐式大便器		陶瓷	个	1
2	低水箱		陶瓷	个	1
3	内螺纹三通(内衬铜箍)	由设计定	PPR	个	1
4	角式截止阀	DN15	金属	个	1
5	进水管	DN10	铜或不锈钢软管	米	
6	进水阀配件	DN15	钢	套	
7	支架	由设计定	PPR	个	1
8	给水管	由设计定	PPR	米	

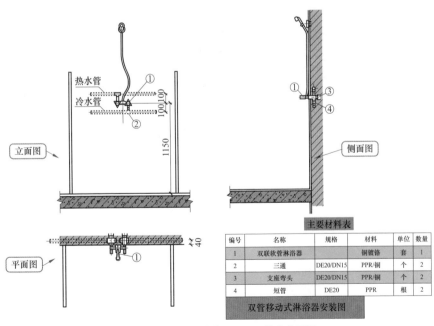

主要材料表

编号	名称	规格	材料	单位	数量
1	双联软管淋浴器		铜镀铬	套	1
2	三通	DE20/DN15	PPR/铜	个	2
3	支座弯头	DE20/DN15	PPR/铜	个	2
4	短管	DE20	PPR	根	2

双管移动式淋浴器安装图

图 4-39　双管移动淋浴器 PPR 的安装图例

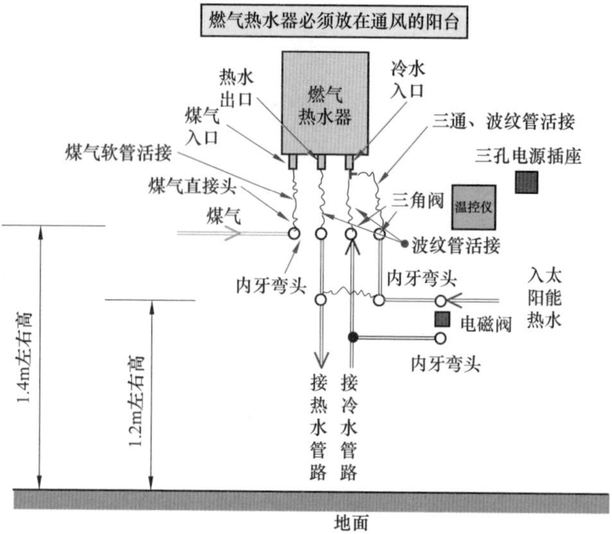

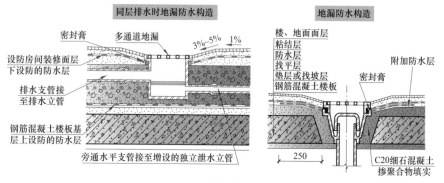

燃气热水器必须放在通风的阳台

热水出口
冷水入口
煤气入口
燃气热水器
三通、波纹管活接
三孔电源插座
煤气软管活接
煤气直接头
三角阀
温控仪
煤气
波纹管活接
入太阳能热水
内牙弯头
内牙弯头
电磁阀
内牙弯头
1.4m左右高
1.2m左右高
接热水管路
接冷水管路
地面

图 4-40　太阳能与热水器联动安装图例

同层排水时地漏防水构造

密封膏
多通道地漏
3%~5%　1%
设防房间装修面层下设防的防水层
排水支管接至排水立管
钢筋混凝土楼板基层上设防的防水层
旁通水平支管接至增设的独立泄水立管

地漏防水构造

楼、地面面层
粘结层
防水层
找平层
垫层或找坡层
钢筋混凝土楼板
附加防水层
密封膏
250
C20细石混凝土掺聚合物填实

图 4-41　地漏安装图例

［1］阳鸿钧，等.家装电工现场通［M］.北京:中国电力出版社，2014.

［2］阳鸿钧，等.电动工具使用与维修960问［M］.北京：机械工业出版社，2013.

［3］阳鸿钧，等.装修水电工看图学招全能通［M］.北京：机械工业出版社，2014.

［4］阳鸿钧，等.水电工技能全程图解［M］.北京：中国电力出版社，2014.

［5］阳鸿钧，等.装修水电技能速通速用很简单［M］.北京：机械工业出版社，2016.

［6］阳鸿钧，等.家装水电工技能速成一点通［M］.北京：机械工业出版社，2016.